防汛抢险培训系列教材

U0791977

防汛抢险基础知识

江苏省防汛防旱抢险中心　江苏省防汛抢险训练中心◎编

中国水利水电出版社
www.waterpub.com.cn
·北京·

内 容 提 要

本书结合实际情况编写而成，从气象、水情基础知识，雨水情预报，洪水特征及洪涝灾害，水利工程基础知识，防汛组织，洪涝灾害统计与评估等6个方面，系统地介绍了与防汛抢险有关的基础知识。其中，水利工程基础知识部分针对江苏省的实际情况，主要介绍了堤防工程、河道整治工程、水库、水闸、泵站和蓄滞洪区等内容。

本书可作为水利工作者、防汛抢险队伍技术培训的教科书和工具书，也可作为防汛抢险指挥人员的参考资料。

图书在版编目（CIP）数据

防汛抢险基础知识 / 江苏省防汛防旱抢险中心，江苏省防汛抢险训练中心编. -- 北京 : 中国水利水电出版社，2019.4(2024.1重印)
防汛抢险培训系列教材
ISBN 978-7-5170-7587-5

Ⅰ. ①防… Ⅱ. ①江… ②江… Ⅲ. ①防洪－技术培训－教材 Ⅳ. ①TV877

中国版本图书馆CIP数据核字(2019)第069194号

书　名	防汛抢险培训系列教材 **防汛抢险基础知识** FANGXUN QIANGXIAN JICHU ZHISHI
作　者	江苏省防汛防旱抢险中心 江苏省防汛抢险训练中心　编
出版发行	中国水利水电出版社 （北京市海淀区玉渊潭南路1号D座　100038） 网址：www. waterpub. com. cn E-mail：sales@mwr. gov. cn 电话：（010）68545888（营销中心）
经　售	北京科水图书销售有限公司 电话：（010）68545874、63202643 全国各地新华书店和相关出版物销售网点
排　版	中国水利水电出版社微机排版中心
印　刷	清淞永业（天津）印刷有限公司
规　格	184mm×260mm　16开本　8.75印张　207千字
版　次	2019年4月第1版　2024年1月第2次印刷
印　数	5001—7000册
定　价	**45.00**元

编　委　会

主　　审　刘丽君

主　　编　马晓忠

副 主 编　王　荣　王新华

编写人员　谢朝勇　于正广　黄才安　王　瑄

周文彬　祁　峰　韩　天　周陈江

前言

防汛抢险事关人民群众生命财产安全和经济社会发展的大局，历来是全国各级党委和政府防灾、减灾、救灾工作的重要任务。为提高各级防汛抢险队伍面对洪涝灾害时的应急处置能力，做到科学抢险、精准抢险，江苏省防汛防旱抢险中心编写了防汛抢险培训系列教材。本系列教材是根据江苏等平原地区防汛形势和防汛抢险的特点，针对防汛抢险专业技能人才、防汛抢险指挥人员培训教育的实际需求，在全面总结新中国成立以来江苏省防汛抢险方面工作经验的基础上，归纳提炼而成，具有一定的科学性、实用性。本系列教材包含《防汛抢险基础知识》《堤防工程防汛抢险》《河道整治工程与建筑物工程防汛抢险》《常见防汛抢险专用设备管理和使用》《常见防汛抢险通用设备管理和使用》5个分册。

本系列教材在编写过程中，得到了江苏省防汛防旱指挥部办公室和江苏省水利系统内多位专家、学者的精心指导；扬州大学在资料收集、整理筛选等方面做了大量的工作，在此一并致以感谢。

《防汛抢险基础知识》分册共分6章，从气象、水情及预报，水利工程基础知识，防汛组织和灾害统计、评估等几个方面进行了较全面的探讨。

限于编者水平有限，加之时间仓促，疏漏之处在所难免，敬请同行及广大读者批评指正。

编者

目录

第1章

气象、水情基础知识

第1节 气　　象

1.1.1 云

云是悬浮在大气中的大量微小水滴、冰晶，或两者混合的可见聚合体。有时也包含一些较大的雨滴。云的底部不接触地面，底部接触地面的称为雾。

空气上升、膨胀、冷却是水汽达到饱和凝结成云的主要过程。水滴很小，直径为1～100μm，它们的落速很小，能长期飘浮在空中。云中含有液态水和固态水，当云中温度低于0℃时，在冰核的参与下产生冰晶，云中水滴和冰晶在一定条件下会演变成雨、雪、霰、雹等降落到地面。

在气象观测上最为通用的是世界气象组织1956年在《国际云图》中公布的分类体系。我国以这一分类体系为基础，根据云的基本外形将云分成高云、中云和低云3族；再区分为卷云、卷层云、卷积云、高层云、高积云、层云、层积云、雨层云、积云和积雨云等10属；根据外形特色、排列形式、透光程度、附从云以及是否从其他云演变而来等，进一步分为29类。

高云云底一般在4.5km以上，包括卷云、卷层云、卷积云3云属；中云云底高度一般为2.5～4.5km，包括高层云、高积云2云属；低云云底为0.1～2.5km。

1.1.2 大气圈

大气圈又叫大气层，是地球外圈中最外部的气体圈层，它包围着海洋和陆地。大气层的底界为地面，厚度大约在1000km以上，但没有确切的上界。大气层的空气密度随高度增加而减小，越高空气越稀薄。大气层中含有一定数量的水，是形成云、雨、雾、雪的主要物质。

1.1.3 气旋

大气中气压比四周低的区域，气象上称为气旋（即低气压）。生成于低纬度海洋的称为热带气旋（或热带风暴，我国又称为“台风”），生成于中纬度地区的称为温带气旋。气旋中心气压越低，气压梯度越大，风速也越大，这时气旋就越强。每个气旋都要经历生成、发展、消失3个基本阶段，也就是说，气旋都具有由弱变强，再逐渐减弱到消失的过程。温带气旋由冷、暖两种不同属性的大气构成，由冷空气推动暖空气的界面称为冷锋，由暖空气推动冷空气的界面称为暖锋。在气旋中心和锋面附近天气变化激烈，气旋和锋面经过的地区常常有大雨和暴雨出现。

1.1.4　低压槽

低压槽简称槽，是指从低气压区中延伸出来的狭长区域，通常用等压线来表示。槽中的气压值比两侧的气压要低。在天气图上，低压槽一般从北向南伸展。凡从南向北伸展的槽称为倒槽，从东向西伸展或从西向东伸展的槽称为横槽。在对流层的中下部，低压槽附近的气流辐合上升，产生气旋天气系统，常出现多云或降水天气。

1.1.5　气温

气温是表示空气冷热程度的物理量，通常用大气温度数值的大小反映大气的冷热程度。大气的温度简称气温，我国用摄氏温标，以℃表示，读作摄氏度。平时天气预报中讲的气温，是指在植有草皮的观测场中离地面 1.5m 高的百叶箱内空气的温度。一日内气温的最高值，一般出现在 14：00—15：00，最低气温一般出现在 05：00—06：00。年内气温一般是 7 月最高，1 月最低。气温一般随着纬度的增高而降低，在冬季最明显。纬度越高，温差越大。

1.1.6　气压

气压是大气压强的简称，是指单位面积上所承受的大气柱重量。气压以百帕（hPa）为单位，一个标准大气压等于 1013hPa。气压不仅随海拔变化，也随温度变化。一年之中，气压的年变化与气温相反，夏季低、冬季高。气压的变化与天气变化密切相关，因此对气压的观测和预报是做好天气预报的重要基础。

1.1.7　低涡

低涡全称为低气压涡旋，是产生和存在于 1500～3000m 上空的空气旋涡。它是一种范围不大的低气压，直径为 300～400km。在北半球低涡内气流围绕低压中心做逆时针方向旋转，具有强烈的上升运动，是导致暴雨的重要天气系统之一。

低涡形成后大多在原地减弱、消失，只引起源地和附近地区的天气变化。在我国，有的低涡随低槽或高空引导气流东移，并不断得到加强和发展，雨区扩大，降水增强，往往形成暴雨，成为影响江淮流域甚至华北地区的天气系统。

我国低涡产生的源地主要有两个：一是四川盆地到云贵地区，称为“西南低涡”；二是青海湖附近，称为“青海湖低涡”。这两类低涡对江西的影响较大。江西雨季（4—7 月上半月），每当有低涡从该区域上空移过时，其中心经过的附近地区便会产生暴雨，甚至大暴雨、特大暴雨。

1.1.8　静止锋

冷暖空气势力相当，它们的交锋区很少移动，使两者之间的界面呈静止状态的锋面，这种锋面称为静止锋。有时锋面的移动缓慢或在冷暖空气之间来回做小幅的摆动，使锋面呈准静止状态，故又称其为准静止锋。我国最著名的准静止锋是春秋季节出现在南岭附近的华南准静止锋，它常会造成江南和华南等地的连续低温阴雨。

1.1.9 切变线

切变线是指在天气图上表现为一条近于东西向的风向不连续线，是风向或风速在极短距离内发生突然变化的空气运动现象。切变线主要出现在中、低空，即 3000m 和 1500m 左右的空中，它是因为低槽北段移速快、南段移速慢而形成的。切变线上的气流呈气旋环流，水平辐合明显，有利于上升运动，易产生云雨天气。在我国无论是平原还是高原，全年均有出现，以春末夏初最为频繁。切变线上降水量分布很不均匀，常在辐合较强、水汽供应充沛的地区形成暴雨。我国长江中下游地区是最容易出现切变线的区域。根据风场的切变形式可分为冷锋式切变、暖锋式切变、准静止式切变等 3 种。

1.1.10 厄尔尼诺现象

根据世界海洋组织（WOO）的解释，厄尔尼诺现象泛指赤道附近的东部太平洋表层海水温度上升引起的气候异常现象。这一现象造成地球温度升高，使得气候失衡，从而导致气候异常，由此带来巨大的经济损失。厄尔尼诺是西班牙语的音译，它的原意是“圣婴”，由于这种现象的出现时间正是圣子耶稣诞辰前后，故冠以此名。

厄尔尼诺现象持续时间很长，不仅引起当地气候反常，严重扰乱了渔民的正常生活，还会给全球气候带来重大影响。1997 年是强厄尔尼诺年，其强大的影响力一直持续至 1998 年上半年，我国在 1998 年遭遇的历史罕见的特大洪水，厄尔尼诺现象便是最重要的影响因素之一。此外，1982 年我国出现的南旱北涝现象，粮食减产约 5 亿 kg，也是由厄尔尼诺现象引起的。

1.1.11 天气图和卫星云图

用于分析大气物理状况和特性的图表统称为天气图，根据不同要求和目的有多种类别，通常专指反映特定时刻广大地区的天气实况或天气形势的图。天气图是根据同一时刻各地测得的天气实况，用天气符号或数字，按一定格式填在空白地图上而成的。主要有地面天气图和高空天气图两种。地面天气图填的数值和符号有海平面气压、气温、露点、云状、云量、能见度、风向、风速、现在天气、过去天气等。高空天气图上绘有等高线和等温线，显示高空天气形势的分布。通过地面天气图、高空天气图的三维分析，可预测未来的天气变化。此外，还有辅助天气图、空间垂直剖面天气图、温度对数压力图、高空分析图等，它们在综合分析判断未来天气变化时具有重要作用，是常规天气分析预报的主要工具。

气象卫星是一种人造地球卫星，分为极地轨道卫星和地球静止卫星两种。从连续的静止卫星云图上可发现暴雨云团的形成过程。单个对流单体是暴雨云团的最初阶段，表现为一个边界光滑的白亮对流云团，而后逐渐扩大，发展成一个大的云团。多个对流单体合并以后，表现为一个白亮对流单体群，随着各个单体的增大，互相连接合并成一个巨大云团，云团发展旺盛时，其亮区由东向东北方向扩展，新的亮区位于原云团的东面，随着东面亮区的形成，原先的亮区变暗，地面降雨过程也由弱变强，再由强变弱，而后降雨停止。随之雨区由西向东传播。最早的卫星云图分为电视云图、可见光云图和红外云图。根据卫星云图上云的分布，可确定各种天气系统，如锋面、高空槽、台风等的位置、移动和变化。

卫星云图表明，暴雨可在一种天气系统的云团内形成，也可由几种天气系统的云系相互作用叠加而发生。后一种情况比前一种多，如低槽冷锋云系与西南涡云系叠加形成暴雨云团，低槽冷锋云系与静止锋（或切变线）云系叠加或西风槽云系与台风云系叠加也能形成暴雨云团。暴雨云团往往位于低空偏东气流和西南气流的辐合线上；有时西南季风云系暴发，云系沿副高西侧的西南气流向北推进，为暴雨形成提供充足的水汽。

红外云图亮度代表云顶温度，积雨云表现为白亮云团，用分层增强红外云图可识别暴雨落区，进而判别暴雨强度。

1. 台风云系的识别

在卫星云图上，台风由台风眼、中心稠密云区和螺旋云带组成。台风眼分成大眼、小眼、圆眼和不规则形状眼。它可位于台风中心，也可位于台风云区边缘。中心稠密云区边界越光滑，云型越圆，尺度越大，越稠密，台风强度越大；台风云带越宽，环绕台风中心的圈数越多，强度也越大。与台风相连的另一种云带称为对流输入云带，它为台风输送水汽和能量，若它与台风云区的交角变大，预示台风将要发展。

当台风出现眼区或者旋涡中心清楚时，眼区的几何中心或者旋涡中心就是台风中心；看不到眼区的台风，两条或者若干条螺旋云带的共同中心即为台风中心；若是具有对称分布的中心稠密云区，则云区的几何中心就是台风中心；如果稠密云区不对称，则台风中心定在偏于云区边界整齐光滑的一侧。

2. 从卫星云图上识别各种云状

（1）积雨云。积雨云很容易辨认，它是单对流体，常是几个雷暴单体的集合，而且云顶比较光滑；积雨云的尺度差别很大，小的几十公里，大的几百公里，在卫星云图上显示出圆浑状云块；无论在可见光云图上还是在红外云图上，积雨云的色调最白，在增强红外云图上，可以看到明显的回波核，此处对流强度最大。

（2）冷锋天气系统。冷锋天气系统是很长的云带。

（3）卷云。卷云是丝条状或大片层状云，由于其温度比其他云都要低，所以在红外云图上表现为白色，与地表、中低云间形成明显的反差，因而卷云在红外云图上表现得最清楚，最容易辨认。

（4）中云。中云在卫星云图上常表现为一大片，范围可达 2 万～20 万 km^2，其开头可以是涡旋、带状、线状和逗点状。

（5）积云、浓积云。在卫星云图上的积云、浓积云实际上是积云群，常表现为云带、云线和细胞状结构；纹理多为皱纹、多起伏和不均匀；层云和雾在可见光云图上表现为一大片光滑均匀的云区，其色调为白色或灰色。

（6）急流云。急流云具有强涡动的特点。

通过以上特点，即可提前预见云的发展和移动情况，辅助气象要素的观测工作。

3. 气象卫星云图应用实例

以大连地区一飞机场为例，2011年5月6日（北京时间，下同）凌晨的雷雨在卫星云图上就表现得非常明显，在红外卫星云图上可以清晰地看到，大连地区西南方向不远处，有一个逐渐发展的椭圆形的亮白云团，云团的东南边界呈弧状，北至东北一侧出现有反气旋弯曲的云毡。这说明有积雨云向大连上空移来，当时观测到的情况是：能见度为10km，小雨，两个量的碎雨云为300m，6个量的层积云为1000m，由于光线和距离的原因，观测不到积雨云，但观测员借助云图的信息，可以判断有对流强烈的云向本场移来，而且云底高度略高于层积云的云底。所以，01：30观测例行报文的发布情况是：能见度为10km，小雨，两个量的碎雨云为300m，6个量的层积云为1000m，两个量的积雨云为1200m，相对湿度82%，场面气压为1003.4hPa，修正海平面气压1006.5hPa。02：25卫星云图上显示，东北冷涡云系甩出一系列呈反气旋排列的雷暴单体，并不断发展，形成强烈的对流活动，积雨云已接近大连上空，但在视野范围内还没有观测到积雨云，这1h期间内，强对流云已经移过了170km，而且各种天气要素的观测数据没有太大变化。04：30积雨云已移至大连上空，开始听见雷声，伴有中阵雨，气压急剧下降，通过仪器测得云顶温度在−47℃左右，说明积雨云发展旺盛，云顶高度可达上万米（由于高度每上升1km气温降低6℃左右。因此，可以根据云顶的温度判断云顶的大概高度），可以看到云底很黑，呈滚轴状，布满天顶，同时由于中雷雨的影响，能见度迅速下降，此时观测的数据：能见度为5000m，中雷雨，5个量的碎雨云为150m，8个量的层积云为800m，4个量的积雨云为1200m，相对湿度为93%，气温为8.8℃，场面气压为1001.8hPa，修正海平面气压为1004.9hPa，气温对比前10min下降2℃，通过与上个时次观测资料对比，在这30min内，风速骤增，气温下降，正是雷暴雨过境时的突出特征。这一点也可以在卫星云图上明显地反映出来。在04：25的云图上，可以清楚地看到发展最旺盛前半小时的变化：风速减小的那部分云正覆盖在大连上空，对云图做伪彩增强，有许多对流旺盛区，呈明显的粉色、黄色的亮点，这预示着雷暴的到来。05：00的实况对比前半个小时的变化是：风速减小，气压急升，说明本场处于雷暴覆盖区。07：30本场的天气为小阵雨，各气象要素：5个量的碎雨云150m，6个量的层积云800m，两个量的积雨云为1200m，气温为9.2℃，场面气压为1002.5hPa，修正海平面气压为1005.6hPa。对比07：00的观测资料可以看出，各气象要素都趋于稳定，再从07：25的卫星云图上看，影响本场天气的云系已基本移出本场。

1.1.12　降雨

1. 雨的定义与分类

雨是从大气中降落到地面的液态水滴，其直径一般大于0.5mm。当陆地和海洋表面的水蒸发变成水蒸气时，水蒸气上升到一定高度后遇冷变成小水滴，这些小水滴组成了云，它们在云里互相碰撞，合并成大水滴，当它大到空气托不住的时候，就从云中落了下来，形成了雨。雨滴下降时清晰可辨，落在水面上会激起波纹和水花，落在干地上可留下湿斑。

雨按照降水的成因可分为对流雨、锋面雨、地形雨、台风雨（气旋雨）；按照降水量的大小可分为小雨、中雨、大雨、暴雨、大暴雨和特大暴雨；按照降水的形式可分为降雪、降雨、冰雹等。

2. 降雨量等级

降雨量指从天空降落到地面上的液态或固态（经融化后）水，未经蒸发、渗透、流失，而在水平面上积聚的深度。降雨量以毫米（mm）为单位。

降雨量的等级根据 24h 内降雨量的大小可划分为小雨、中雨、大雨、暴雨、大暴雨、特大暴雨几个等级，见表 1.1。

表 1.1　降雨量等级划分表

降雨量等级	24h 降雨量/mm	降雨量等级	24h 降雨量/mm
小雨	≤9.9	暴雨	50.0～99.9
中雨	10.0～24.9	大暴雨	100.0～249.9
大雨	25.0～49.9	特大暴雨	≥250.0

日常生活中，人们也可以从降水情况来判定雨的等级。

小雨时，一般雨点清晰可辨，没有飘浮现象；落到地面、石板或屋瓦上不四溅；地面泥水浅洼形成很慢；至少 2min 以上才会润湿石板、屋瓦；屋檐下只有滴水。

中雨时，雨水如线，雨滴不易分辨；落在硬地、屋瓦上雨水四溅；水洼泥潭形成很快；屋顶有沙沙声。

大雨时，雨如倾盆，模糊成片；落在屋瓦、水泥地或石板上可四处飞溅；水潭形成很快；屋顶雨水有喧闹声。

3. 降雨量观测

降雨量的观测项目包括测记降雨、降雪、降雹的水量，降水量单位以毫米（mm）表示。观测记载的最小量（记录精度）应符合的规定为：①需要控制雨日地区分布变化的雨量站应记至 0.1mm；②蒸发站的记录精度应与蒸发观测的记录精度相匹配；③不需要雨日资料的雨量站，可记至 0.2mm；④多年平均降水量大于 800mm 的地区，可记至 0.5mm；⑤多年平均降水量大于 400mm、小于 800mm 地区，如果汛期雨量特别大，且降水量占全年的 60%以上，也可记至 0.5mm；⑥多年平均降水量大于 800mm 的地区，可记至 1mm。

降水量的观测时间以北京时间为准。记起止时间者，观测时间应记至分；不记起止时间者，观测时间可记至小时。每日降水以北京时间 08：00 为日分界，即从昨日 08：00 至今日 08：00 的降水为昨日降水量。观测员观测所用钟表或手机的走时误差每 24h 不应超过 2min，并应每日与北京时间对时校正。

测定降水量的仪器，有雨量器和雨量计两种。

雨量器是用于测量一段时间内累积降水量的仪器。外壳是金属圆筒，分上、下两节，上节是一个口径为 20cm 的盛水漏斗，为防止雨水溅失，保持器口面积和形状，筒口用坚硬铜质做成内直外斜的刀刃状；下节筒内放一个储水瓶，用来收集雨水。测量时，将雨水倒入特制的雨量杯内读取降水量数值（以 mm 计）。降雪季节将储水瓶取出，换上不带漏斗的筒口，雪花可直接收集在雨量筒内，待雪融化后再读数，也可将雪称出重量，然后根据筒口面积换算成mm数。

虹吸雨量计是可连续记录降水量和降水时间的仪器。其上部盛水漏斗的形状和大小与雨量器相同。当雨水经过漏斗导入量筒后，量筒内的浮子将随水位升高而上浮，带动自记笔在自记纸上画出水位上升的曲线。当量筒内的水位达到10mm时，借助虹吸管，使水迅速排出，笔尖回落到零位重新记录。自记钟给出降水量随时间的累积过程。

翻斗式雨量计是可连续记录降水量随时间变化和测量累积降水量的有线遥测仪器，分为感应器和记录器两部分，用电缆连接。感应器用翻斗测量，它是用中间隔板隔开的两个完全对称的三角形容器，中间隔板可绕水平轴转动，从而使两侧容器轮流接水，当一侧容器装满一定量雨水（0.1mm或0.2mm）时，由于重心外移而翻转，将水倒出，随着降雨的持续，将使翻斗左右翻转，接触开关将翻斗翻转次数变成电信号，送到记录器，在累积计数器和自记钟上读出降水资料。

1.1.13 台风

台风是我国主要的灾害性天气之一，是发生在西北太平洋和南海海域的一种强热带气旋；在大西洋或北太平洋东部的强热带气旋称为飓风。也就是说，在中国、菲律宾、日本一带称台风，在美国一带则称飓风。

1. 台风分类

通常以热带气旋中心风力的大小为其命名，等级标准划分见表1.2。可以看到，只有当热带气旋中心风力达到12级及以上的才称为台风。

表1.2　台风等级标准划分表

名　　称		中心风力/级	最大风速/(m/s)
热带低压		6～7	10.8～17.1
热带风暴		8～9	17.2～24.4
强热带风暴		10～11	24.5～32.6
台风	台风	12～13	32.7～41.4
	强台风	14～15	41.5～50.9
	超强台风	＞16	＞51

在我国，为了便于应用和对外服务，有时把热带风暴、强热带风暴、台风、强台风和超强台风统称为台风，如应用于台风编号、台风命名、台风预警、台风年鉴、台风结构、台风路径、台风形成、台风灾害等称呼。

台风是暖中心的低气压系统，水平分布近圆形，半径约几百公里，垂直范围可从地面伸展到对流层上部。地面中心气压低是台风的重要特征，一般当地面中心气压低到990hPa或以下时形成台风。从台风外围到中心，存在着较大的气压梯度和很强的气旋性辐合流场；在距中心数十公里处，风力达到最大，并伴有暴雨和巨浪；但在近中心附近的小范围内，气压梯度很小，风息、雨止、浪消，出现了强热带气旋特有的台风眼景象。大多数台风发生在夏秋季节，绝大多数影响我国的台风也出现在这两个季节。其他季节也可有少数台风在热带海洋上形成，但其活动范围一般只在纬度较低的地区。

2. 台风雨

台风是非常强的降雨系统，其强度大，波及范围广，来势凶猛，破坏性极大。一次台风登陆，降雨中心1d之内可降下100～300mm的大暴雨，甚至可达500～800mm。

台风雨是我国降水系统之一。台风登陆我国多在7—9月，这一时期与我国大多数大江大河的汛期时间相重叠。除新疆外，我国其他地区均直接或间接受台风影响而产生暴雨。东南沿海各省的台风降水占全年总量的20%～30%，7—9月则可达一半以上。我国近海15个省市中，11个省市最大雨量的影响系统是台风，全国7次日降水量超过1000mm的极端暴雨中6次是因台风所引起。1975年3号台风（Nina）在河南境内造成特大暴雨，最大中心降雨量1h为189.5mm，1d为1005.0mm，5d过程降雨量为1631.0mm，形成了河南“75·8”大洪水。

3. 台风命名

为避免台风名称混乱，1997年11月25日—12月1日，在我国香港地区举行的世界气象组织（WMO）台风委员会第30次会议决定，西北太平洋和南海的热带气旋采用具有亚洲风格的名字命名，并决定从2000年1月1日起开始使用新的命名方法。

命名表共有140个名字，分别由世界气象组织所属的亚太地区的柬埔寨、中国、朝鲜、中国香港、日本、老挝、中国澳门、马来西亚、密克罗尼西亚、菲律宾、韩国、泰国、美国以及越南共14个成员提供，每个成员提出10个名字。

中国提出的10个名字是龙王（后被“海葵”替代）、悟空、玉兔、海燕、风神、海神、杜鹃、电母、海马和海紫。

如果某个热带气旋给台风委员会成员造成了特别严重的损失，该成员可申请将该热带气旋使用的名字永远命名给该热带气旋（永久命名），其他热带气旋（台风）不再使用这个名字。该名字也将从命名表中删除，成员须再补充一个新名字加入命名表。2005年19号台风轮上“龙王”的名字，它一路肆虐，给地方带来巨大的威胁，在福建造成了74.78亿元的经济损失，导致近百人死亡。于是，国际台风委员会决定将中国台风名称“龙王”从命名表中删除，这是中国大陆提供的台风名称中最先“退役”的一个。

台风的实际命名使用工作由日本气象厅东京区域专业气象中心负责，当日本气象厅将西北太平洋或南海上的热带气旋确定为热带风暴强度时，即根据列表给予名称，并同时给予一个四位数字的编号。编号中前两位为年份，后两位为热带风暴在该年生成的顺序。例如，0704，即2007年第4号热带风暴。根据规定，一个热带气旋在其整个生命过程中无论加强还是减弱，始终保持名字不变。

1.1.14 天气预报

天气预报就是应用大气变化的规律，根据当前及近期的天气形势，结合有关气象观测资料、地形和季节特点、群众经验等，应用天气学、动力气象学、统计学的原理和方法，综合研究后对某区域或某地点未来一定时段的天气状况作出定性或定量的预测。我国中央气象台利用我国制造的“风云二号”气象卫星摄取卫星云图加以分析，以提高天气预报的准确率。

天气预报可分为形势预报和要素预报两类。形势预报即预报未来某时段内各种天气系统的生消、移动和强度的变化。要素预报即预报气温、风、云、降水和天气现象等在未来某时段的变化。形势预报是要素预报的基础。

根据天气预报的时间范围，可将天气预报分为以下几种。

（1）短时预报。根据雷达、卫星探测资料，对局地强风暴系统进行实况监测，预报未来1～6h的动向。

（2）短期预报。预报未来24～48h天气情况。中央电视台每天播放的主要是短期天气预报。

（3）中期预报。对未来3～15d的预报。

（4）长期预报。指1个月到1年的预报。预报时效1～5年的称为超长期预报，10年以上的则称为气候展望。

根据天气预报的区域，又可将天气预报分为以下几种。

（1）大范围预报。一般指全球预报、半球预报、大洲或国家范围的预报。主要由世界气象中心、区域气象中心及国家气象中心制作。

（2）中范围预报。常指省（区）、州和地区范围的预报，由省、市或州气象台和地区气象台制作。

（3）小范围预报。如一个县范围的预报、城市预报、水库范围的预报和机场、港口的预报等，这些预报由当地气象台站制作。

第2节 水 情

1.2.1 汛期

“汛”就是水盛的样子，“汛期”就是江河、湖泊洪水在一年中明显集中出现，容易形成洪涝灾害的时期。汛期不等于水灾，但是水灾一般都在汛期发生。由于各河流所处的地理位置和涨水季节不同，汛期的长短和时序也不相同，一般分为以下4种汛期。

（1）凌汛。通常把春季河冰解冻引起的涨水现象专称为凌汛。黄河在宁夏—内蒙古段、山东河口段和松花江下游等由南向北流的河段都有凌汛。

（2）春汛。春季，气候转暖，流域上的季节性积雪融化、河冰解冻或春雨引起河水上涨称为春汛，此时正值桃花盛开时节，故亦称为桃汛（或桃花汛）。

（3）夏汛。夏季，流域上的暴雨或高山冰川的积雪融化，使河水急剧上涨，称为夏汛。中国习惯上把发生在夏季三伏前后的汛水称为伏汛。

（4）秋汛。秋季，河水因暴雨发生急剧上涨称为秋汛。

我国各大流域的汛期迟早不一。据降雨、洪水发生规律和气象成因分析，汛期大致划分如下。珠江：4—9月；长江：5—10月；淮河：6—9月；黄河：6—10月；海河：6—9月；辽河：6—9月；松花江：6—9月。

1.2.2 特征水位

水位，即河流、湖泊、海洋及水库等水体的自由水面相对固定基面的高程，以米

(m) 计，小数点后取两位。固定基面如吴淞基面、1956 黄海高程系、1985 国家高程基面。水位不等同于水深，不同地点、不同工程、使用不同高程系统的水位值没有直接可比性。

1. 堤防的特征水位

江河两岸、湖泊周边和沿江城市大量修建堤防，用以约束水流和抵御洪水、风浪的侵袭。堤防的等级划分根据保护对象的大小及重要性确定。每段堤防根据防洪规划和堤防现状，确定堤防防汛特征水位，防汛特征水位一般分为三级（有蓄滞洪区时分为四级）。

(1) 设防水位。为考虑堤基和滩区设施的安全，当水位漫滩以后，堤防开始挡水时确定为设防水位。到此水位时，管理单位要做好防汛准备，开始在堤上布设巡堤查险人员，防汛上一线人员，防汛值班上堤防守，进行巡堤查险，处理一般险情。

(2) 警戒水位。警戒水位是指当河道的自由水面超过该水位时，将有可能出现洪水灾害，必须对洪水进行监视，做好防汛抢险准备的水位。根据堤防质量、渗流现象以及历年防汛情况，把容易出现险情的水位定为警戒水位。到达该水位时，要进行防汛动员，调动常备防汛队伍，进行巡堤查险。

(3) 保证水位（即设计洪水位，又称为最高水位或危险水位）。保证水位是指堤防设计水位或历史上防御过的最高洪水位，也是汛期堤防及其附属工程能保证安全运行的上限洪水位。接近或到达该水位时，防汛进入全面紧急状态，堤防挡水时间已长，堤身土体可能达饱和状态，随时都有出险的可能。这时要密切巡查，全力以赴，保护堤防安全，并对于可能超过保证水位的抢护工作也要做好积极准备。

(4) 分蓄洪水位。为防御洪水，尽量减少洪灾损失，在洪水灾害比较严重的地区，在河道（洪道）两岸辟有临时滞蓄洪水的区域称为蓄滞洪区。当河道水面线超过某一水面线时，形成洪水灾害的可能性很大，蓄滞洪区须分蓄洪，这个水面线的相应水位称为分蓄洪水位。分蓄洪水位根据批准的流域防洪规划或区域防洪规划的要求专门确定。

分蓄洪水位，是调度运用分洪工程的一项重要指标。当河、湖洪水将超过堤防安全防御标准，而需运用分蓄洪工程时，据水情预报，以某控制站的水位作为启用分蓄洪工程的依据。

2. 水库的特征水位

水库工程在不同时期、不同任务，以及在各种水文情况下需控制达到或允许消落的各种库水位称为水库特征水位。

(1) 正常蓄水位。正常蓄水位即水库在正常运用情况下，为满足兴利要求在开始供水时应蓄到的水位，又称为正常高水位、兴利水位，或设计蓄水位。它决定水库的规模、效益和调节方式，也在很大程度上决定水工建筑物的尺寸、型式和水库的淹没损失，是水库最重要的一项特征水位。当采用无闸门控制的泄洪建筑物时，它与泄洪堰顶高程相同；当采用有闸门控制的泄洪建筑物时，它是闸门关闭时允许长期维持的最高蓄水位，也是挡水建筑物稳定计算的主要依据。正常蓄水位至死水位之间的水库容积称为兴利库容，即调节库容，用以调节径流，提供水库的供水量。

(2) 死水位。死水位即水库在正常运用情况下，允许消落到的最低水位，又称为设计低水位。死水位以下的库容称为死库容，也叫垫底库容。死库容的水量除遇到特殊的情况外（如特大干旱年），它不直接用于调节径流。

（3）防洪限制水位。防洪限制水位即水库在汛期允许兴利蓄水的上限水位，也是水库在汛期防洪运用时的起调水位。防洪限制水位的拟定，关系到防洪和兴利的结合问题，要兼顾两方面的需要。如汛期内不同时段的洪水特征有明显差别时，可考虑分期采用不同的防洪限制水位。正常蓄水位至防洪限制水位之间的水库容积称为重叠库容，也叫共用库容。此库容在汛期腾空，作为防洪库容或调洪库容的一部分。

（4）防洪高水位。防洪高水位即水库遇到下游防护对象的设计标准洪水时，在坝前达到的最高水位。只有当水库承担下游防洪任务时，才需确定这一水位。此水位可采用相应下游防洪标准的各种典型洪水，按拟订的防洪调度方式，自防洪限制水位开始进行水库调洪计算求得。防洪高水位至防洪限制水位之间的水库容积称为防洪库容。它用以控制洪水，满足水库下游防护对象的防洪要求。

（5）设计洪水位。设计洪水位即水库遇到大坝的设计洪水时，在坝前达到的最高水位。它是水库在正常运用情况下允许达到的最高洪水位，也是挡水建筑物稳定计算的主要依据。它与防洪限制水位之间的水库容积称为拦洪库容。

（6）校核洪水位。校核洪水位即水库遇到大坝的校核洪水时，在坝前达到的最高水位，也称为非常洪水位。它是水库在非常运用情况下，允许临时达到的最高洪水位，也是确定大坝顶高及进行大坝安全校核的主要依据。

1.2.3 洪水及其类型

洪水是指江湖在较短时间内，发生的流量急剧增加、水位明显上升的水流现象。洪水来势凶猛，具有很大的自然破坏力，淹没河中滩地，破坏两岸堤防等水利工程设施。我国有逾 100 万 km^2 国土、5 亿多亩耕地、6 亿多人口和 90%以上城市受洪水威胁，如长江、黄河、淮河、海河、珠江、松花江、辽河等七大江河均受洪水的严重威胁。洪水的主要特点是峰高量大，持续时间长，洪灾波及范围广。洪水类型是根据洪水形成的直接原因而对其划分的类型，一般可分为降雨洪水、融雪洪水、冰凌洪水、工程失事洪水。

每类洪水中又进一步分为若干种洪水，如降雨洪水分为暴雨洪水、持续性大雨洪水、台风洪水、滞流性内涝洪水；融雪洪水分为高山融雪洪水、季节性积雪融雪洪水；工程失事洪水分为溃坝洪水、河堤溃决洪水等。在各种洪水中，以暴雨洪水分布最广，发生频率最高，危害最大。

洪水按照出现地区的不同，可分为河流洪水、暴潮洪水和湖泊洪水等。河流洪水根据其成因又可分为以下几种。

1. 暴雨洪水

暴雨洪水是指由暴雨通过产流、汇流在河道中形成的洪水，它是我国最主要的洪水类型。

2. 山洪

山洪是指山区溪沟中发生的暴涨暴落洪水。由于山区河床坡降较陡，降雨后产流、汇流较快，形成急剧涨落的洪峰。山洪具有突发性、水量集中、流速大、冲刷破坏力强、水流中挟带泥沙甚至石块等特点，常造成局部性洪灾。

3. 泥石流

泥石流是指含饱和或过饱和的固体物质（泥土、石块和巨砾）的高黏性流体。泥石流暴发突然、运动快速、历时短暂、破坏力极大。泥石流是特殊的固体径流，固体物质含量很高，可达 30%～80%。流体做直线惯性运动，遇障碍物不绕流而产生阻塞、堆积等正面冲击作用。

4. 溃坝洪水

溃坝洪水是指大坝或其他挡水建筑物瞬时溃决，发生水体突泄所形成的洪水。破坏力远远大于一般暴雨洪水或融雪洪水。

5. 融雪洪水

融雪洪水是指在有大量积雪或冰川发育地区，积雪（冰）大面积集中融化导致河道水位急涨所形成的洪水。高寒地区，当气温回升至 0℃以上时，积雪融化即形成融雪洪水。

6. 冰凌洪水

冰凌洪水是指河流中因冰凌阻塞和河道内蓄冰、蓄水量的突然释放而引起的水位急涨现象，在气温开始上升期间或封冻初期易发生，一般可分为冰坝洪水、冰塞洪水和融冰洪水。

1.2.4　洪水要素

一般而言，河流、湖泊、水库经历一次洪水时的洪峰流量、洪水总量、洪水历时、洪水传播时间和最高洪水位等称为洪水的五要素，它能概括地反映一次洪水的基本水文特征。

1. 洪峰流量

在洪水变化过程中，洪水起涨时，来水流量开始增加，水位相应上涨；随着流域远处的地表径流陆续汇入，来水流量和水位继续增长；当大部分高强度的地表径流汇集到控制断面时，来水流量增至最大值，称为洪峰流量。流量是指单位时间内通过某一断面的水量，常用单位为立方米每秒（m^3/s）。在一次洪水过程中，流量有大有小，其中最大的流量称为洪峰流量，它是一种瞬时流量。

2. 洪水总量

洪水总量又叫径流总量，是一次洪水通过某一断面的总水量，常用单位为立方米或亿立方米。洪水总量一般按照时段长短进行统计，通常有 1d、3d、5d、10d 洪水总量等，一般用时段内平均流量与时段时间长度的乘积计算。

3. 洪水历时

洪水历时是在河道的某一断面上，一次洪水从开始涨水到洪峰，然后落水到低谷所经历的时间，常用单位为小时（h）。

4. 洪水传播时间

洪水传播时间是洪水自河段上游某断面洪峰出现到下游某断面洪峰出现所经历的时间，常用单位为小时（h）或天（d）。不同的洪水传播时间也不同，有的洪水河槽底水少，槽蓄量大，传播时间长；有的洪水流量大，接近平滩流量，传播时间就短。

5. 最高洪水位

最高洪水位是一次洪水过程中出现的最高水位，常用单位为米（m）。一般最高洪水位出现的时间与洪峰流量出现的时间是一致的，但是也有不一样的情况。

1.2.5 洪水等级

关于洪水强度或洪水规模的衡量指标和评定方法很不一致，一般采用洪水洪峰流量、水位高度、洪水淹没面积与淹没时间、洪水频率或重现期等反映洪水强度。其中采用洪水频率或重现期表示洪水强度最为普遍。

重现期越长，表示洪水的量级越大；某一量级洪水重现期越短，表示洪水的量级越小。这种方法可以消除地区差别，常作为水利水电工程规划与设计的标准。

根据2009年1月1日开始实施的国家标准《水文情报预报规范》（GB/T 22482—2008），洪水等级按洪峰流量重现期划分为四个等级：重现期5～10年一遇为一般洪水；10～20年一遇为较大洪水；20～50年一遇为大洪水；大于50年一遇为特大洪水。

第2章

雨水情预报

雨水情预报包括雨情预报和水情预报两部分。雨情预报通常是指天气形势分析及暴雨预报，主要根据天气形势的发展，预报洪水来源地区将出现暴雨的时间、范围和量级，为洪水预警、判断水情发展趋势提供依据。这部分工作一般由气象部门来做，并根据专家实际工作经验做适当调整。

水情预报是建立在充分掌握水循环运动规律的基础上，根据防汛部门在生产实际中能实时获取的水情信息，预报未来水情变化的一门实用技术。水情预报是防洪非工程措施中的关键环节，它可广泛服务于防洪抢险、水利工程运用、水资源调度乃至工农业生产，为国民经济发展起到基础支撑作用。水情预报按水的现象可分为洪水预报和其他水文预报两个方面。

第1节 暴雨分析与预报

暴雨可分为区域性暴雨和局地性暴雨两大类，一般来说，大范围的区域性暴雨，根据天气学（即天气图）预报思路和方法是可以预报出来的。预报局地性暴雨比较困难，因为局地性暴雨往往与强热力对流以及地形特征密切相关。

2.1.1 暴雨分析

1. 暴雨形成的条件

（1）丰沛的水汽条件。在相同的上升运动条件下，大气柱中饱和比湿越大，则降水越强。实际上，暴雨都是在饱和比湿达到一定程度才能发生，这可能是与水汽的多少，特别是低层水汽的多少相关，与垂直速度的强弱也有一定关系的缘故。

充分的水汽条件还必须有充分的水汽供应，因为某一时刻大气柱中所含的水汽凝结下降量是很小的。在暴雨中水汽的供应主要是靠暴雨右侧的低空急流对水汽的输送。

我国暴雨的主要水汽源地为孟加拉湾、南海及西太平洋。在偏南气流的作用下，经常有水汽输送到我国内陆地区。盛夏季节，副热带高压西部的暖湿偏南和偏东南气流能影响到我国中部，甚至北部地区。因此，孟加拉湾—南海一带的西南气流与西太平洋高压的东南气流在我国大陆上汇合时，常有利于暴雨和特大暴雨的发生。

（2）强烈的辐合上升运动。实际上一般暴雨，尤其是特大暴雨都不是在1d之内均匀下降的，而是集中在1h到几小时内降落的，所以降水时的垂直运动是很大的，是由中小天气系统所造成的。如此大的垂直运动，只有在不稳定能量释放时才能形成。所以在考虑暴雨时，必须分析不稳定能量的储存和释放的问题。

（3）影响系统的持续性。降水持续时间的长短，影响着降水量的大小。降水持续时间长是暴雨（特别是连续暴雨）的重要条件。中、小尺度天气系统的生命较短，一次中、小系统的活动，只能造成一地短时的暴雨。必须要有若干次中、小尺度系统的连续影响，才能形成时间较长、雨量较大的暴雨。然而中、小尺度系统的发生、发展又是以一定的大尺度系统为背景，也就是说，暴雨总是发生在大范围上升运动区内。因此，讨论暴雨的持续时间，就必须讨论行星尺度系统和天气尺度系统的稳定性和重复出现的问题。副热带高压脊、长波槽、切变线、静止锋和大型冷涡等大尺度天气系统的长期稳定是造成连续性暴雨的必要前提。短波槽、低涡、气旋等天气尺度系统移速较快，但它们在某些稳定的长波形式控制下可以接连出现，造成一次又一次的暴雨过程。在特定的天气形势下，当天气尺度系统移动缓慢或停滞时，更容易形成时间集中的特大暴雨。

2. 大范围暴雨的环流形势

因为我国暴雨，尤其是特大暴雨和连续暴雨多发生在夏季副热带高压（简称副高）北部的副热带锋区上，因此暴雨天气过程与副热带流型和副热带高压的活动有密切关系。

一般的移动性长波仅能造成一地区的短期暴雨，而稳定的长波则可造成连续的大暴雨。除单纯的热带天气系统外，产生我国连续大范围暴雨的副热带长波环流型基本上有两种：一种为稳定纬向型；另一种为稳定经向型。

（1）稳定纬向型。在此型下，东亚上空南支锋区比较平直，副高脊线呈东西向，在平直西风带中，不断有小槽东移。对应低空为东西向切变线，地面为静止锋（低层锋区有时不明显）。与高空小槽相配合，低空有西南涡沿切变线东移，地面静止锋上则有气旋生成并东移。在这些短波系统一次次经过的地区，接连发生暴雨，而暴雨带呈东西向。华南4—6月的前汛期降水和长江中下游6月中旬至7月上旬的梅雨多属于这种形势。

（2）稳定经向型。在此型下，副高呈块状，位置偏北而稳定。其西侧长波槽移动缓慢，槽前维持明显的经向偏南气流。在其下方为近于南—北向或东北—西南向的切变线。西南涡东移后受副高的阻挡，被迫沿切变线向北移动，速度减慢，加之西部冷空气的侵入，产生强的降水。降水带在长波槽前呈东北—西南向或南—北向。盛夏，当长波槽位于80°E以西时，主要雨带在黄河流域或华北地区，而长江流域及其以南少雨。当长波槽位于105°E附近时，主要雨带在105°E以东的华北、东北地区。当块状副高位置特别偏北而稳定时，常造成持久性的特大暴雨。此种形势称为强经向型。

3. 行星尺度天气系统对暴雨的作用

从暴雨的两种环流型可见，无论哪种大范围的持续性暴雨，总是发生在环流形势比较稳定的时候。而环流形势的特点，是由行星尺度的天气系统所决定的。行星尺度天气系统的不同配置，就有不同的环流型，从而产生不同类型的暴雨。行星尺度天气系统本身并不直接产生暴雨，而是借制约影响天气尺度系统的活动才有间接产生暴雨的作用。此外，它还能将南海、孟加拉湾和东部海上的水汽不断向暴雨区输送。因此，行星尺度天气系统的活动，大致决定了暴雨发生的地点、强度和持续时间。下面将对影响我国暴雨的几种行星尺度天气系统的具体作用进行分析。

（1）西风带长波槽。

1）乌拉尔大槽。因为夏季副热带流型长波波长为50°～60°（经度），所以当乌拉尔大槽稳定存在时，在其下游河套地区易于有低槽维持，造成稳定经向型暴雨。这时大槽中不断分裂小槽东移，冷空气多从西路或西北路经新疆和河西地区侵入我国河套和川陕一带。

2）贝加尔湖大槽。因为贝加尔湖大槽底部西风气流平直，存在时易形成稳定纬向型暴雨。

3）太平洋中部大槽。当太平洋中部大槽发展和加深时，可使其西部的副高环流中心稳定，从而对其上游的西风槽起阻挡作用。当此槽不连续后退时，更可迫使西侧副高环流中心西进，建立日本海高压，造成经向型暴雨。

4）青藏高原西部低槽。这是副热带锋区上的低槽，它可与乌拉尔山大槽或贝加尔湖大槽结合。当此槽建立时，在其上有分裂的槽东移，按其位置不同表现为西北槽、高原槽或印缅槽，是直接影响降水的短波系统。

（2）阻塞高压。

1）乌拉尔山阻塞高压。乌拉尔山长波高压脊的建立，对整个下游形势的稳定起着十分重要的作用。这个高压常有冷空气南下，使其东侧低槽加深，分裂小槽东移，影响我国降水。同时，贝加尔湖则为大低槽区，中纬度为平直西风气流，有利于稳定纬向型暴雨的形成。

2）雅库茨克—鄂霍茨克海阻塞高压。雅库茨克—鄂霍茨克海阻塞高压的建立对我国暴雨有重要影响，尤其对我国梅雨影响更大。它常与乌拉尔山阻塞高压或贝加尔湖大槽同时建立，构成稳定纬向型的暴雨。由于它稳定少变，使其上游环流形势也稳定而无大变化。同时西风急流分为两支，一支从它北缘绕过，另一支从它的南方绕过，其上不断有小槽东移，引导冷空气南下与南方暖湿空气交汇于江淮地区。另外，在阻塞高压的西南方和东南方有低涡切断，直接造成北方降水。

3）贝加尔湖阻塞高压。当这种阻塞高压建立时，易形成稳定经向型的暴雨。它常由雅库茨克高压不连续后退或乌拉尔高压东移发展而成。当它与青藏高压相连，形成一南北向的高压带时，将使环流经向度加大，并在这个高压带与海上副高之间构成一狭长低压带，造成北方经向型暴雨。

（3）副热带高压。副热带高压呈东西带时，副热带流型多呈纬向型，造成东—西向的暴雨。副高呈块状时，副热带流型多呈经向型，造成南—北向或东北—西南向的暴雨。后者常发生于副高位置偏北的时候。西太平洋副热带高压脊西北侧的西南气流是向暴雨区输送水汽的重要通道，而其南侧的东风带是热带降水系统活跃的地区，因此它的位置变动对我国主要雨带的分布有密切关系。冬季副高脊线在20°N以南，雨带在华南沿海一带。春季副高脊线逐渐北移，雨带中心移到南岭附近（25～27°N），华南前汛期雨季开始。初夏（6月中旬至7月上旬）副高第一次北跳，脊线稳定在20～25°N，雨带北移到江淮流域，梅雨开始，华南前汛期雨季结束。7月中旬，副高第二次北跳，其脊线稳定在30°N附近，雨带中心移到黄河流域以北，华北和东北雨季开始，华南第二阶段雨季开始。8月下旬副高管线又开始撤退，雨带也开始南撤，9月上旬退回到25°N，10月上旬到达20°N以南。

（4）热带环流。热带系统除直接造成暴雨外，它与中纬度系统的相互作用，对我国夏季西风带的降水有密切的关系。热带系统与中纬度系统相互作用而产生的暴雨大致可分为3种类型。

1）在副热带流型经向度较大时，热带气旋北上，合并于西风槽中，或者中、低纬系统叠加在一起（如高层西风槽与低层东风波叠加），就造成暴雨。实际上华北与东北最强烈的暴雨，往往是由北上的热带系统（如由台风变性成温带气旋等）所造成的。

2）整个热带辐合区北抬，海上辐合区中有台风发展。在台风与副高之间维持强的低空偏东风急流，有利于水汽不断向大陆输送，保证暴雨区的充分水汽供应。1975年8月初的河南暴雨就是在这种形势下产生的。

3）热带辐合带稳定于南海一带，副高脊线位于20～25°N之间，则江淮梅雨持续维持。这是热带环流对中纬度暴雨的间接影响。

4. 天气尺度系统对暴雨的作用

天气尺度系统对暴雨的作用主要表现在以下几个方面。

（1）制约和影响造成暴雨的中尺度系统的活动。天气尺度系统可以提供中尺度系统形成的基本条件。由于上、下层气流的平流差异，可以形成大范围的不稳定区。这是中尺度系统形成的必要条件之一。

而天气尺度的上升运动又是促成不稳定能量释放的触发条件。只是在不稳定能量释放时，对流活动和中尺度系统才得以形成。当中、小尺度系统生成后，一般是沿对流层中层（700hPa或500hPa）的气流移动，因此天气尺度系统的气流可以制约中、小尺度系统的移动，并能将其排列成带状，使其有组织地向前传播。

（2）供应暴雨区的水汽。整层大气的水汽凝结量（即降水量）等于该大气柱中的水汽通量辐合与水汽局地变化之和。如果要使暴雨继续维持，则还需更强的大尺度水汽通量辐合以补充外区水汽的减少。而这种较强的水汽通量辐合场，一般出现在天气尺度的系统中。

（3）对暴雨作用的天气尺度系统的活动特点。当天气尺度系统强烈发展或停滞摆动时，则易造成较强而持续的暴雨。例如，1975年7月29日一个发展的黄河气旋，在唐山地区普遍降下200mm以上的特大暴雨，最大暴雨中心在柏各庄，降水量高达631mm。1963年8月上旬西南低涡在河北省停滞，造成“63·8”特大暴雨。各种天气尺度系统的叠加也会使降水量加大。例如，造成1975年8月初河南特大暴雨的天气系统，除登陆的台风外，还有西风槽、东风扰动、低空东风急流、中空偏南急流、冷暖锋等。高空槽与低层台风叠加，构成“南涡北槽”形势，是一种较普遍的暴雨形势。西南涡与北部西风槽叠加，也常造成暴雨加强。台风东北象限的低层辐合与高空槽前的高层辐散叠加有利于上升运动的维持和加强。此外，在中空偏南急流的西侧、低空偏南急流的左侧也是有利于上升运动发展之处，且低空急流保证了水汽的充分供应，给暴雨的形成提供了条件。所以，在上述几个系统叠加处就能形成暴雨。在稳定的环流形势下（一般多为纬向型），天气尺度系统沿同一路径移动，因而在此路径上的地区，往往受若干个天气尺度系统的重复作用，接连出现几次暴雨，形成连续性特大暴雨。

5. 中尺度天气系统对暴雨的作用

一次暴雨天气过程的降水总量并非由一次连续降水所组成，而是由于在此过程期间中尺度雨团不断生成和移动的结果。据分析，与中尺度雨团相配合的中尺度系统有中尺度低压（或负变压中心）、气旋性辐合中心、辐合线、切变线等。现将与中尺度雨团相配合的中尺度系统分述如下。

(1) 中尺度低压。中尺度雨团常与中尺度低压相配合（并伴有负变压中心）。例如，1972年7月1—3日安徽省淮北市发生的一次特大暴雨，降水量最大达596.9mm，这次暴雨过程就是由十几个中低压系统连续影响造成的。

(2) 中尺度辐合中心。流线从各个方向气旋式地朝一点辐合形成辐合中心。在辐合中心往往有暴雨发生。

(3) 中尺度切变线。在切变线上有较明显的气旋式风向转变。一种是偏北风与偏东风之间的切变线，称为冷性切变线。它自西向东移动。当切变线过境时，风向由偏东转为偏北，随后风速逐渐加大，降水强度增加。另一种切变线是由东北东（或东北）风与东南风之间构成的切变线，称为东风切变线。这种切变线是在东风带内产生的，并自东向西移动。每次出现后，雨量就有一次跃增。东风切变线引起的雨强很大（40mm/h）。冷性切变线引起的雨强要小些（20mm/h），降水时间也较短促。在中尺度切变线与天气尺度切变线相交处，往往是一个雨团强烈发展的地方。

(4) 中尺度辐合线。在辐合线前方风速小，后方风速大，在辐合线上有较强的风速复合。暴雨常发生在辐合线附近。

6. 低空急流对暴雨的作用

与暴雨有关的低空急流往往存在于西太平洋高压的西北侧的西南气流中，其高度在900～600hPa之间（高原地区可达500hPa高度以上）。急流的左侧经常有切变线和低涡活动，伴有大片的降水带（在雨带中并有暴雨中心生成），是辐合上升运动区。其右侧为副热带高压内部，通常天气晴朗，没有成片的降水发生，是辐散下沉运动区。当有两支急流（高、低空急流）存在时，在两急流之间为暴雨区。

在副热带高压的西侧或南侧，与热带辐合带、东风波之间还存在偏东风或东南风的低空急流，它与暴雨的关系也是极为密切的，它的结构与西南风低空急流类似。

低空急流与暴雨是相互促进的，低空急流的存在，有利于暴雨的发生，而暴雨的发生又促进了急流的形成和维持。

7. 暴雨的反馈作用

暴雨产生于一定的环流背景和天气系统之中，而暴雨的生成又对周围的环流形势和天气系统产生影响，这就是暴雨的反馈作用。这些作用有：促进了暴雨区垂直运动的发展、维持和推动暴雨区向前传播，在其右侧形成低空急流，促使低层气旋生成和发展。此外，由于暴雨区上空有潜热释放，使大气增暖，并加压而形成高压，或使原有高压加强，并由此而使其左侧上空的高空急流加强。又由于在暴雨区水汽向上输送的结果，使不稳定层结转变为中性层结，易有中间尺度（数百千米到1000km）和中尺度扰动发展。由此可见，暴雨过程可能是形成中尺度天气系统的动力之一。

2.1.2 暴雨预报

1. 应用天气图预报暴雨

制作暴雨天气—气候模式，作形势预报后，如果符合某一类暴雨天气型，就按这一形势作预报。步骤如下。

（1）第一步：大范围（以行星尺度为主）的天气形势分析和预报。对暴雨来说，要注意下述几点。

1）西风带长波的演变和调整。中高纬度对流层中、上层表现为长波形式，其变化一般以两种方式进行：一种为长波演变；另一种为长波调整。特大暴雨往往出现在这种长波调整过程中。

2）阻塞高压与切断低压。我国各地的持续性暴雨形势往往与中高纬度的阻塞高压有关。

3）副热带高压。副高西侧的暖湿气流与北方冷空气的交会而产生的冷、暖锋系及锋系上的波动与气旋，以及副高与大陆高压之间形成的切变线、低涡都是我国主要的暴雨系统。

（2）第二步：天气尺度系统的分析和预报。在有利的环流背景条件下，着重分析产生暴雨的天气尺度系统的活动，并配合其他指标，确定大范围暴雨的落区。

造成暴雨的天气尺度系统主要有以下几个。

1）西风带系统。锋面、气旋、高空槽、低涡、切变线及高压边缘的低值扰动。

2）热带天气系统。台风、热带辐合带上的扰动、东风波、热带云团、中层气旋、南支西风扰动，以及配合低空急流的各种低值系统和扰动。

3）高层天气系统。包括辐散流场、高空西风急流、高空东风急流。

（3）第三步：小尺度系统及其条件的分析。目前，由于测站网密度所限，尚不能进行细致的中、小尺度分析。因此，可运用多种工具进行综合分析。

2. 暴雨落区的预报

（1）高空槽与暴雨区位置预报。暴雨一般出现在高空槽前，尤其是高空槽在东移过程中不断向南伸的时候。这种情形一般出现在横槽转成竖槽的过程中。这时高空槽移动比较慢，并且在500hPa槽线东南方正涡度平流甚强。如果在正涡度平流区域同时也是1000～500hPa的湿舌区域和位势不稳定区域，则这个区域会出现强降水。

（2）用落区模式勾画。根据暴雨天气形势的主要特征，用以下几个指标勾画出暴雨落区：暴雨常出现在低空850hPa西南风急流轴和左侧西南风零线之间，尤其是出现在急流中心的左前方；850hPa假相当位温大于等于75℃；850hPa假相当位温减500hPa假相当位温大于等于5℃；低层850hPa或地面应是辐合区；850hPa比湿大于等于14g/kg；理查逊数的负值中心常是暴雨区；暴雨区常常在低层暖湿中心的下风方。

（3）其他方法。

1）用850hPa实测风场按东北方向作 x 轴进行分解后，等风速线（西南风）所确定的急流轴及其中心与850hPa假相当位温场，常能抓住暴雨比较主要的特征。

2）850hPa的暖湿空气及其假相当位温场的锋区与地面高能区和能量锋区配合较好，表示850hPa以下假相当位温的分布近乎一致。

3）暴雨主要发生在低空急流中心左前方的暖混空气中，其主要特征是暖区降水。应用以上分析也可作暴雨终止时间的预报。从探空曲线中分析，当暴雨过程中大气由不稳定过程转为稳定过程时，暴雨将结束。此外，根据湿不稳定指数分析，当湿不稳定指数小于或等于晴天数值时（指雨后晴天的计算值，不同月份有所差异），则暴雨将结束。

2.1.3 暴雨预报精度

2.1.3.1 暴雨预报质量评定办法

众所周知，衡量任何一个气象要素的预报精度，都要有一个客观、准确的评定方法，使评定出的预报精度既有代表性又具可比性。经过多年的努力，2002 年中国气象局出台了《中短期天气预报质量评定办法》（以下简称 TS 评定）。在 2005 年 2 月又对该办法作了进一步修正。现将该评定办法中暴雨预报质量评定办法介绍如下。

1. 暴雨等级划分

暴雨等级划分详见表 2.1。

表 2.1 暴雨等级划分表

暴雨等级	12h 降水量 /mm	24h 降水量 /mm	暴雨等级	12h 降水量 /mm	24h 降水量 /mm
大到暴雨	23.0～49.9	38.0～74.9	大暴雨	70.0～140.0	100.0～250.0
暴雨	30.0～69.9	50.0～99.9	大暴雨到特大暴雨	105.0～170.0	175.0～300.0
暴雨到大暴雨	50.0～104.9	75.0～174.9	特大暴雨	>140.0	>250.0

2. 暴雨评定的分类

（1）单站暴雨日标准。单站暴雨日是指某站日降水量大于等于 50mm，其日界为 08：00—08：00 和 20：00—20：00。

（2）单站持续性暴雨过程标准。单站持续性暴雨过程是指该过程中具有 2d 或 2d 以上的暴雨日。过程的开始日期为日降水量大于等于 25mm，过程的结束日期为日降水量小于 25mm；如果该过程暴雨日数在 3d 以上，中间允许有 1d 降水量在 10mm 以上，其日界为 08：00—08：00 和 20：00—20：00。

（3）区域性暴雨日标准。

1）流域性暴雨日标准。流域性暴雨是指某流域出现日面雨量（日界为 08：00—08：00）大于等于 20mm 的降水，即为流域性暴雨日。

注：流域性暴雨预报标准选用武汉中心气象台的标准，这也是我国唯一一个流域暴雨评定标准，下同。

2）省暴雨日标准。省暴雨日是指全省有 x_x 个站以上出现日降水量大于等于 25mm，其中有 x_i 个站以上的日降水量大于等于 50mm，或 x_j 个站以上日降水量大于等于 100mm，即为一次全省性暴雨日，其日界为 08：00—08：00 和 20：00—20：00。

注：x_x、x_i 和 x_j 各省都不一致，一般由各省自己确定。

（4）区域持续性暴雨过程标准。

1）流域持续性暴雨过程标准。流域内持续性暴雨过程是指某流域出现 2d 或 2d 以上日面雨量大于等于 20mm 的降水过程。过程的开始日期为流域日面雨量大于等于 10mm，过程的结束日期为流域日面雨量小于 10mm。

2）省持续性暴雨过程标准。省持续性暴雨过程是指出现了 3d 或 3d 以上的全省性暴雨日，其中4d中允许有1d、7d中允许有2d无全省暴雨日。

3. 暴雨评定办法

(1) 降水预报。

TS评分为

$$TS_k = \frac{NA_k}{NA_k + NB_k + NC_k} \tag{2.1}$$

漏报率为

$$PO_k = \frac{NC_k}{NA_k + NC_k} \tag{2.2}$$

空报率为

$$FAR_k = \frac{NB_k}{NA_k + NB_k} \tag{2.3}$$

式中：k为1、2、3、4、5，对24h预报，分别代表不低于0.1mm、不低于10mm、不低于25mm、不低于50mm、不低于100mm，对12h预报，分别代表不低于0.1mm、不低于5mm、不低于15mm、不低于30mm、不低于70mm；NA_k、NB_k、NC_k为站（次）数，由表2.2定义。

注：大雨和暴雨，在年降水量小于等于300mm的地区，由所在省（自治区、直辖市）气象局自行规定大雨和暴雨的标准，并报中国气象局实况备案，其他地区按目前中国气象局业务规定标准执行。

单站降水预报：逐日检验只评定是否正确和是否属空报、漏报，并保存每日预报与实况资料。月、季、年检验依据当月、季、年的预报正确总次数、实际出现总次数、预报出现总次数计算各级降水的TS评分、空报率、漏报率。

区域降水预报：逐日检验依据当日预报正确站数、实际出现站数、预报出现站数，计算各级降水的TS评分、空报率、漏报率，并保存各站每日预报与实况资料；月、季、年检验依据当月、季、年的预报正确总站（次）数、实际出现总站（次）数、预报出现总站（次）数，计算各级降水的TS评分、空报率、漏报率。

表2.2 降水预报检验分类表

实况	预报	
	有k级降水	无
有k级降水	NA_k	NC_k
无	NB_k	—

(2) 灾害性天气落区预报。灾害性天气落区预报。冰雹、雷暴、强降雪（中雪、中到大雪、大雪、大到暴雪、暴雪）、雾（雾、浓雾、强浓雾）、冻雨、霜冻、强降雨（大雨、大到暴雨、暴雨、暴雨到大暴雨、大暴雨、大暴雨到特大暴雨、特大暴雨）、沙尘天气（沙尘暴、强沙尘暴、特强沙尘暴）、大风（≥6级、≥8级、≥10级、≥12级）、高温（≥37℃、≥40℃）、强降温（≥8℃、≥12℃、≥16℃）等灾害性天气预报检验。

评定方法如下。

TS评分为

$$TS=\frac{NA}{NA+NB+NC} \tag{2.4}$$

漏报率为

$$PO=\frac{NC}{NA+NC} \tag{2.5}$$

空报率为

$$FAR_k=\frac{NB}{NA+NB} \tag{2.6}$$

式中：NA、NB、NC 为站数，由表 2.3 定义。

表 2.3　　灾害性天气落区预报检验分类表

预报	实况	
	有	无
有	NA	NC
无	NB	—

逐日检验依据当日预报正确站数、实际实况出现站数、预报出现站数计算 TS 评分、空报率、漏报率，并保存每日预报与实况资料；月、季、年检验依据当月、季、年的预 N 月报正确总站（次）数、实际出现总站（次）数、预报出现总站（次）数，计算 TS 评分、空报率、漏报率。

4. 检验的区域范围

检验的区域范围为预报责任区。

5. 检验时段

统一评定气象台站每天发布的公众预报。

(1) 降水预报。24h 以内预报以 12h 和 24h 为一段评定，48h 及以上预报以 24h 为一段评定。当以 12h 为一段发布降水预报时，若直接发布降水量值预报，24h 时段的预报值为两个 12h 时段预报值之和；若发布降水量级预报，24h 时段的预报值按以下规定。

1) 当前 12h 和后 12h 预报的量级相同时，24h 预报用该量级进行评定。

2) 当前 12h 和后 12h 预报的量级不同时，24h 预报用两个时段预报量级的中值相加后对应的量级评定。

(2) 灾害性天气落区预报。

1) 冰雹、雷暴、暴雨到大暴雨、大暴雨、大暴雨到特大暴雨、特大暴雨预报评定 12h 和 12～24h 预报。

2) 中雪、中到大雪、大雪、大到暴雪、暴雪、雾、浓雾、冻雨、霜冻预报评定 12h、12～24h 和 24～48h 预报。

3) 大雨、大到暴雨、暴雨、沙尘暴、强沙尘暴、特强沙尘暴、大风、高温、强降温预报评定 12h、12～24h、24～48h 和 48～72h 预报。

2.1.3.2　暴雨预报精度

前文已对暴雨及灾害性天气的评定方法进行初步介绍。由于大到暴雨以上的降水事件是小概率事件，就全国而言，暴雨的气候概率东西和南北相差很大，以黄河三门峡至花园口区间为例：三门峡至花园口区间南部历史暴雨出现的气候概率不超过15%，北部暴雨出现的气候概率不超过10%，一个小小的区间暴雨的气候概率相差如此之大，更何况全国。对于黄河上游来讲，暴雨出现的历史概率更小，有些年份一年一次暴雨都不会出现。因此，对于像这样的小概率事件的预报精度要求，就不能像对一般降水那样对待。就目前全国暴雨预报的精度而言，虽然使用的评定方法一致，但是正是由于我国暴雨出现的气候概率东西和南北差异非常大，所以暴雨预报精度既没有可比性又没有共同点。此外，就暴雨在气象预报工作评定中所占的比例而言，全国大致在10%～15%。从这个数字中不难看出，暴雨预报仅占气象预报工作的很小一部分。但是暴雨对国民经济的影响却是非常重要和不可缺少的。如何提高暴雨的预报精度也是全国气象工作者为之奋斗和努力的目标。随着现代化技术的不断提高和气象监测、探测手段的不断增多，以及气象产品的全球共享步伐的加快等，我们已拥有比以往任何时候都更加丰富的大气多层次、多方位的观测资料。这不仅仅是观测站网在空间分布和观测事件上的加密观测资料，还包括在太空中环绕地球运转的人造卫星对大气进行的三维观测资料，以及雷达和各种自动观测站非定时观测得到再加以四维同化的资料，使得暴雨预报精度也在不断提高。如致洪暴雨、台风暴雨等，对国民经济影响较大的暴雨都有较好的监测预测手段，并能及时、准确地预测。同时暴雨预报在国民经济建设中也发挥了积极的作用。

从统计学的角度来讲，各种气象要素的概率分布函数的数据基础，必然是当地已经积累了多年的观测资料。统计学上经常说要有充分大的样本，一般认为在30年以上；否则就认为资料过少，难以求得可信的结果。目前我国各地气象台站均积累了30～40年的暴雨资料。为暴雨预报及预报精度的评定提供了参考依据。

影响暴雨预报精度的因素有很多，如尺度和持续性。大尺度暴雨的预报精度明显高于小尺度，持续性暴雨的预报精度要高于突发性暴雨。除了上述暴雨自身因素外，暴雨预报精度还取决于当年暴雨出现的次数和预报员的经验。例如，某地一年只出现一次暴雨过程，预报失败，暴雨预报的精度为零。下一年该地暴雨出现了4次，1次漏报，其他3次均预报正确，暴雨的预报精度为75%。

通过上述例子可以看出，暴雨预报精度是一个受多种因素影响的综合气象要素，所以不能简单地仅从百分数对某地暴雨预报的精度作出评价。目前国内暴雨的预报精度，多数台站采用以当地的暴雨气候概率和T213数值预报产品为参照标准，即将当年评定出的暴雨预报准确率与当地暴雨的气候概率和T213数值预报产品预报的降水作对比。目前全国暴雨预报精度均远远高于暴雨的气候概率和T213数值预报产品的预报。

第2节　洪　水　预　报

洪水预报是根据洪水的形成和运动规律，利用前期和现时水文、气象等信息，对某一断面未来的洪水特征值所作的预报。洪水预报的对象一般是江河、湖泊及水利工程控制断面的洪水要素，预报项目一般包括洪峰水位、洪峰流量、洪峰出现的时间、洪水涨落过程和洪水总量。洪水预报按洪水的类型，一般分为河道洪水预报、流域洪水预报、水库洪水预报等。

2.2.1　河道洪水预报

河道洪水预报是指在天然河道中，根据上游断面的洪水过程及在天然河道中洪水波运动规律，分析当洪水波传播到下游断面时的洪峰流量（水位）或洪水过程。

2.2.1.1　洪水波运动及预报方法概述

在恒定流水面上，由于外来原因，如暴雨径流、水电站运行、闸坝放水等，突然被注入一定水量，则原来恒定流水面便因此受到干扰而形成一种不稳定波动，这就是洪水波。

洪水波的特征可用附加比降、位相、相应流量（水位）、波速等物理量来描述。

天然棱柱形河道里洪水波运动是一种渐变非恒定流。当洪水波沿河道自上游向下游传进时，由于存在着附加比降，引起不断变形，表现为两种形态，即洪水波的推移和坦化，且在演进过程中连续地同时发生。洪水波的传进，引起河道断面水位的涨落变化，其中附加比降的变化是洪水波变形的主要因素。河道断面边界条件对洪水波形的影响则是固定的。例如，当河段内有开阔滩地，到某一高水位即行漫滩，洪水波加剧坦化，波高明显衰减，致使下站洪峰水位降低，洪水历时增长。如果下游比上游断面狭窄，则受塞水作用，使下游断面的波高比上游的增大，如图 2.1 所示。此外，区间来水、回水顶托及分洪溃口等外界因素，有时对洪水波变形也有很大的影响。

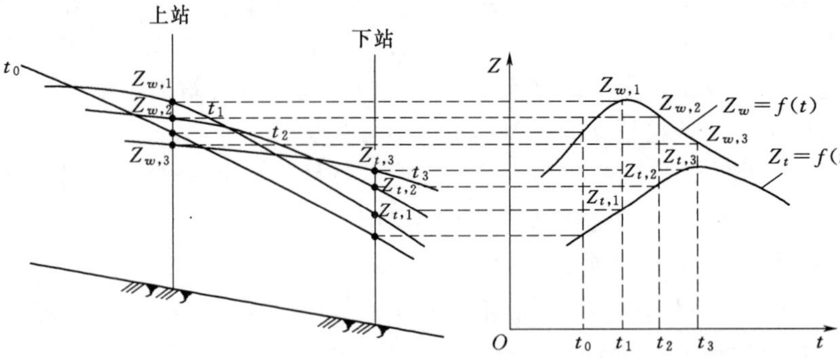

图 2.1　洪水波与上下站水位过程关系示意图

河道洪水预报方法主要有相应水位（流量）法、合成流量演算法和洪水演算法。相应水位（流量）法和合成流量法是根据天然河道里洪水波运动原理，分析洪水波在运动过程中，波的任一位相水位（相当于水位过程线上任一时刻的水位）自上站传播到下站时的相应水位及其传播速度的变化规律，寻求其经验关系，据以进行预报的一种简便方法。

洪水演算法可分为水力学方法和水文学方法。水力学洪水演算方法即为完全圣维南方程组的数值解法和简化圣维南方程组的解析解法或数值解法，它可同时求得断面的流量过程和水位过程。水文学洪水演算方法，常见的有马斯京根法、特征河长法和汇流系数法等，只能进行河道流量演算求得断面的流量过程，如要转换成水位过程，则要通过水位—流量水文学洪水演算方法，不考虑回水影响，所需的资料容易取得。

2.2.1.2 相应水位（流量）法

1. 相应水位（流量）法的基本原理

相应水位是指河段上、下游断面同相位的水位。相应水位（流量）预报，简要地说就是用某时刻上游站的水位（流量）预报一定时间（如传播时间）后下游站的水位（流量）。

在天然河道里，当外界条件不变时，水位的变化总是由流量的变化引起的，相应水位的实质是相应流量，所以研究河道水位变化规律，就应该研究河道中形成水位的流量的变化规律。

设在某一不太长的河段中，上、下游间距为 L，t 时刻上游站流量为 $Q_{u,t}$，经过传播时间 τ 后，下游站流量为 $Q_{l,t+\tau}$，若无旁侧入流，上、下游站相应流量的关系为

$$Q_{l,t+\tau}=Q_{u,t}-\Delta Q \tag{2.7}$$

如在传播时间 τ，河段有旁侧入流，并在下游站 $t+\tau$ 时刻为 $q_{t+\tau}$，则

$$Q_{l,t+\tau}=Q_{u,t}-\Delta Q+q_{t+\tau} \tag{2.8}$$

式中：ΔQ 为上、下游站相应流量的差值，它随上、下游站流量的大小和附加比降不同而异，其实质是反映洪水波变形中的坦化作用。另外，洪水波变形引起的传播速度变化，在相应水位（流量）法中主要体现在传播时间关系上，其实质是反映洪水波的推移作用。

传播时间是洪水波以波速由上游站运动到下游站所需的时间。其基本公式为

$$\tau=\frac{L}{u}$$

式中：u 为波速。

在天然河道中，洪水波波速 u 与断面平均流速间的关系为

$$u=\lambda\,\bar{v} \tag{2.9}$$

式中：λ 为波速系数，它取决于河道形态和流速，可根据历史洪水资料或经验确定。传播时间可按式（2.10）推求，即

$$\tau=\frac{L}{\lambda\,\bar{v}} \tag{2.10}$$

式（2.8）及式（2.10）是河道相应水位（流量）预报的基本关系式。

在无旁侧入流的天然棱柱形河道中，对于固定河段，洪水波在运动中变形随水深及附加比降不同而异。所以式（2.8）和式（2.10）中的 ΔQ 及 τ 是水位和附加比降的函数，即 $Q_{l,t+\tau}$ 和 τ 值均依 $Q_{u,t}$ 和比降的大小等因素而定。但在相应水位（流量）法中，不直接计算 ΔQ 值和 τ 值，而是推求上游站流量（水位）与下游站流量（水位）及传播时间的近似函数关系，即

$$Q_{l,t+\tau}=f(Q_{u,t};Q_{l,t}) \tag{2.11}$$

或

$$Q_{l,t+\tau}=f(Q_{u,t}) \tag{2.12}$$

又

$$\tau=f(Q_{u,t};Q_{l,t}) \tag{2.13}$$

或

$$\tau=f(Q_{u,t}) \tag{2.14}$$

式（2.11）至式（2.14）中，流量 Q 用水位 Z 代换，意义相同。

2. 相应水位（流量）法预报

相应水位（流量）法预报要解决两个问题：一是已知上游站水位（流量）在下游站所形成的相应水位（流量）值；二是上、下游站间的传播时间，即上游站水位传播到下游站所需的时间。其预报要素主要有相应洪峰水位（流量）和水位（流量）过程。

当水流大体已汇集于河槽时，下游站来水主要取决于上游。河段冲淤变化不大，又没有回水顶托等外界因素影响时，那么影响洪水波传播的因素较单纯，上、下游站相应水位过程起伏变化较一致，则在上、下游站的水位（流量）过程线上，常常容易找到相应的特征点——峰、谷和涨落洪段的反曲点等。利用这些相应的特征点的水位（流量）即可制作预报曲线图。相应洪峰水位（流量）方法主要有相应洪峰水位（流量）相关法、涨差法、以支流水位为参数的洪峰水位（流量）相关法、以峰型系数为参数的洪峰流量相关法等。

在防汛工作中，往往还要预报水位（流量）过程以弥补洪峰预报的不足。相应水位（流量）过程预报方法主要有相应水位法、时段涨差法、现时校正法等。相应水位法是取上、下游站间的平均传播时间为常数，当取它大于（或小于）实际的平均传播时间时，上、下游站的相应关系会呈反（顺）时针方向的绳套。如果两者接近时，就会呈单一曲线。显然，预报时只要知道某时刻上断面的水位（包括参数值），查此曲线就可预报传播时间后下站的水位。依此类推，可做出下站的水位过程预报。

时段涨差法的关系式为

$$Z_{l,t+\tau}=Z_{l,t}-\alpha\Delta Z_{u} \tag{2.15}$$

其中

$$\alpha=\frac{Z_{l,t+\tau}-Z_{l,t}}{Z_{u,t}-Z_{u,t-\tau}}$$

式中：$Z_{l,t+\tau}$ 为下游站 $t+\tau$ 时刻的水位；$Z_{l,t}$ 为下游站 t 时刻的水位；τ 为传播时间；ΔZ_{u} 为上游站 t 时刻与 $t-\tau$ 时刻的水位差。实用上，根据时段涨差法关系式建立以上游站时段涨差为参数的下游站前后期水位相关曲线，并根据该相关曲线进行水位过程预报（可参考长江水利委员会编写的《水文预报方法》）。

无论是相应水位法还是时段涨差法，都是应用已经发生的洪水资料而制作平均情况的预报方案，但作业预报时，往往由于方案所考虑的因素不全面或者水情有新的变化，以致不符合原有的相应水位关系，所以应及时校正，这就是临近预报法。

2.2.1.3　合成流量法

在预报站上游有两条以上支流汇入的河段，且支流上均有水文控制站时，常采用合成流量法做预报。这种方法假定由各个上游站传播到下游站的流量是相互独立的，可以叠加，而不考虑干、支流洪水波间的相互干扰作用。因此，可将同时到达下游站的各个上游站相应流量之和（即合成流量）与下游站相应流量（水位）建立相应关系。该方法的关键是如何确定上游干、支流各站到下游预报站的洪水传播时间。通常是从历年水文资料中选取不同洪水，按干、支流分别取其平均传播时间。计算合成流量的峰、谷特征点，原则上应在合成流量过程中选取。简化方法可考虑干、支流来水变化，即下游站洪水有时主要来自干流，有时主要来自支流，则最大（小）合成流量应以最大来水量的洪峰（谷）流量为主，加上其他各站相应的流量即得。

2.2.2 流域洪水预报

对于区间面积相对较大的流域，如用相应水位法或河道流量演算法来做预报，则由于汇流时间短，预报的预见期与精度不能满足生产的需要，所以常根据降雨来预报洪水。流域内降雨形成流域出口断面的洪水过程分为两个阶段：第一阶段，降雨经植物截留、下渗、填洼等损失后的剩余部分称为净雨，净雨在数量上等于它所形成的径流量，降雨转化为净雨的过程称为产流过程；第二阶段，净雨沿地面和地下汇入河网，并经河网汇集形成流域出口断面的径流过程，称为流域汇流过程。产流与汇流计算合称流域产汇流计算或降雨径流预报。

2.2.2.1 降雨径流要素计算

在降雨径流的分析计算中，主要要素有降雨量、径流量、前期影响雨量或前期流域蓄水量等。

1. 降雨量

降雨要素包括降雨量、降雨强度、降雨历时、降雨过程、降雨分布（范围）以及暴雨中心位置等。降雨量是指与洪水过程相应的一次降雨过程的总量，常以流域或区域平均降雨量（mm）表示。

（1）降雨量的表示方式。降雨量在时间上的变化过程和在空间上的分布情况，常用图形表示，如降雨强度过程线（时段雨量柱状图）、降雨量累积曲线、等雨量线（或等雨深线）等。

（2）流域平均降雨量的计算。由雨量站的实测雨量记录，计算一个流域的平均降雨量，常用方法有下列3种。

1）算术平均法。将流域内各雨量站的雨量算术平均，即得流域平均雨量。此法计算简便，适用于流域内地形变化不大，雨量站分布较均匀的情况。

2）加权平均法。加权平均法又称为垂直平分法或泰森多边形法。将相邻雨量站用直线相连，对各连线作垂直平分线，由这些垂直平分线连成许多多边形，每个多边形内有一个雨量站。流域边界处的多边形以流域边界为界。假定每个多边形内雨量站测得的雨量代表该多边形面积上的降雨量，则流域平均雨量可按面积加权平均求得。面积加权平均法应用比较广泛，适用于雨量站分布不均匀的情况。

3）等雨量线法。在较大流域内，地形变化比较显著，若有一定数量的雨量站，可根据地形等因素的作用考虑降雨分布特性绘制等雨量线图。用求积仪量得各等雨量线间的面积，该面积上的雨量以相邻两等雨量线的平均值代表，然后按面积加权计算流域平均雨量。

2. 径流量

一次洪水过程除包括本次降雨所形成的地面径流、壤中流和地下径流外，往往还包括前期洪水尚未退完的部分水量以及非本次降雨所补给的深层地下径流量等。因此，在计算本次洪水径流量时，首先应把上述后两项水量从洪水过程中分割出去。目前，一般把壤中流和地面径流并在一起，合称直接径流。分割本次洪水过程的工作就在于分割深层径流、直接径流和地下径流。

（1）流量过程的分割。在多数情况下，洪水开始起涨时刻的流量由深层地下水和前一次降雨所形成的浅层地下水组成。图2.2中A点的流量由AE和EG两部分组成，AE部分是前期洪水的浅层地下水，EG部分是深层地下水。这两部分都与本次降雨无关，应从流量过程中分割出去。一个流域的基流量较稳定，可取历年最枯流量的平均值或本年汛前的最枯流量用水平线分割之，如图2.2中的虚线ED所示。虚线AF表示浅层地下水的退水曲线，指A点以后的流量若无本次降雨产流应沿AF虚线变化，本次降雨引起洪水的起伏变化，如图2.2中的ABC部分所示。但C点以后，因有后续降雨，使洪水过程又呈上涨趋势，则C点以后由本次降雨所形成的径流量仍需从过程线中分割出来。图2.2中C点的部位较高，则曲线CD表示C点以后的直接径流（包括河槽蓄水）和地下径流的退水变化。分割出一次径流总量后，进一步分割直接径流的地下径流。一种常用的、简单的方法是斜线分割法，如图2.3所示。从起涨点A到直接径流终止点B之间连一直线，其下部和基流的上部即地下径流，AB线以上为直接径流。B点可用流域地下径流的退水曲线来确定，使地下退水曲线CBD的尾部与流量过程线退水段的尾部相重合，分离点即为B点。

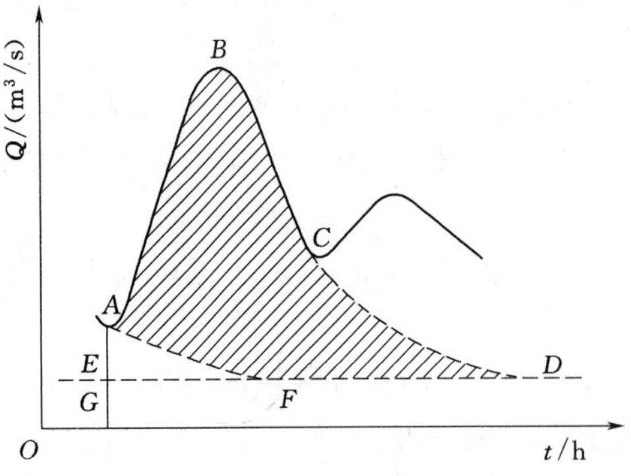

图2.2 流量过程线分割示意图

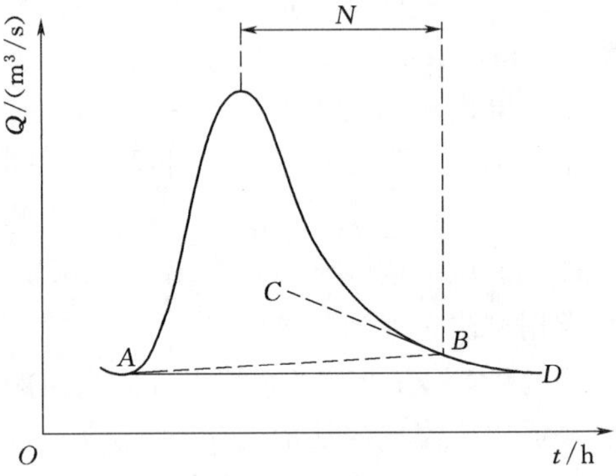

图2.3 斜线法分割地下径流示意图

用这种方法，关键是确定B点。为了方便，实际中常采用经验方法来确定洪峰出现（或雨止时刻）到直接径流终止时刻的时距，以N表示，如图2.3所示。根据经验，N的数值与流域面积的大小、流域降雨特性和下垫面的特性有关，可以根据多次历史资料和实际经验确定。

（2）流域退水曲线。不同的水源其水流运动规律是互不相同的，反映在退水曲线上也有差异。一般表现为地面水消退最快，壤中流次之，浅层地下径流较慢，深层地下径流最慢。关于退水曲线的研究很多，实用上多从实测流域退水曲线中找出经验规律。一般深层地下径流在洪水预报中采取上述的直线分割法。地面径流和表层流不易分割，故并在一起。因此，流域退水曲线是包括直接径流和浅层地下径流的退水曲线。直接径流、浅层地下径流和深层地下径流可分别按蓄泄之间的线性系统关系，推导出同一形式的退水曲线公式。

（3）径流（量）计算。在分割出一次降雨所形成的径流过程线后，即可计算径流总量

$W(m^3)$，其值为径流总量 $\sum Q\Delta t$，再平均分配到流域上，即得本次降雨相应的径流深 R（mm），公式为

$$R=\frac{3.6\sum Q\Delta t}{F} \tag{2.16}$$

式中：F 为流域面积，km^2；Δt 为计算时段长，h；Q 为主测流量，m^3/s。

3. 前期影响雨量

降雨开始时，流域内包气带土壤含水量的大小是影响降雨径流形成过程的一个重要因素，土壤含水量的实测资料很少，即使有也只能代表点的情况，不能代表土壤含水量在流域分布的复杂规律。因此，水文学上用间接的方法来表示流域的土壤含水量。目前，常用两种方法：一种是指标法，即前期影响雨量（P_a）；另一种是定量计算流域蓄水量（W）法。一般情况下用第一种方法，但 P_a 并不能代表实际的 W，只是一个反映土壤干湿程度的指标。其计算公式为

$$P_{a,t+1}=K[P_{a,t}+P_a] \tag{2.17}$$

式中：$P_{a,t+1}$ 为 $t+1$ 日时的土壤含水量；$P_{a,t}$ 为 t 日开始时的土壤含水量；K 为土壤含水量的日消退或折减系数，$K<1$，常取 0.85 左右；P_a 以流域最大土壤含水量作为上限控制。

若流域较大，P_a 值应按雨量站分块计算，全流域的 P_a 值由各块 P_a 值加权平均。

2.2.2.2 流域产流的基本原理

产流是流域中各种径流成分的生成过程，其实质是水分在下垫面垂直运行中，在各种因素综合作用下的发展过程，也是流域下垫面对降雨的再分配过程，不同的下垫面条件具有不同的产流机制，不同的产流机制又影响着整个产流过程的发展，呈现不同的径流特征。自然界两种基本的产流模式为蓄满产流和超渗产流。

1. 蓄满产流

蓄满产流是指包气带土壤含水量达到田间持水量之前不产流，这时称为“未蓄满”，此前的降雨全部被土壤吸收，补充包气带缺水量。包气带土壤含水量达到田间持水量时，称为“蓄满”，蓄满后开始产流，雨强 i 超过稳定下渗 f_c 的部分形成地面径流 R_S，稳渗部分形成地下径流 R_G，总产流量 R 为两者之和。

2. 超渗产流

在干旱和半干旱地区，雨量稀少，植被极差，包气带缺水量大而下渗能力低，产流的方式主要是雨强超过渗强而形成地面径流。影响降雨产流的因素是雨强与前期土湿，这种产流方式称为超渗产流。

2.2.2.3 产流计算

计算方法主要有降雨径流相关法、蓄满产流模型的产流量计算和超渗产流模型的产流量计算等。其中，降雨径流相关法可用较简单的方法在时间比较紧的情况下，再依据经验进行产流量估算。其他两种方法，需要借助相对复杂的数学模型才能计算。下面简单介绍降雨径流相关法。

降雨径流相关法是在成因分析与统计相关相结合的基础上，用每场降雨过程流域的面平均雨量和相应产生的径流量，以及影响径流形成的主要因素建立起来的一种定量的经验

关系。

影响降雨径流关系的主要因素有前期影响雨量 P_a 或流域起始蓄水量 W_0、降雨历时、降雨强度、暴雨中心位置等。我国湿润和半湿润地区最常用的是 $P-P_a-R$ 三变量相关图法，如图 2.4 所示。该图以次降雨量 P 为纵坐标，相应的次洪径流深为横坐标，降雨开始时的 P_a 为参数建立起来的降雨径流相关图。从降雨径流成因分析，该图应符合以下规律：① P 相同时，P_a 越大，损失越小，R 越大，故 P_a 等值线的数值自左向右增大；② P_a 相同时，P 越大，损失相对于 P 越小，径流系数越大，$P-R$ 线的坡度随 P 的增大而减缓，但不应小于 45°。在湿润地区，随着 P 的增大，降雨径流相关图的上段表现为一组平行等距离直线，这一特点有利于曲线的外延。

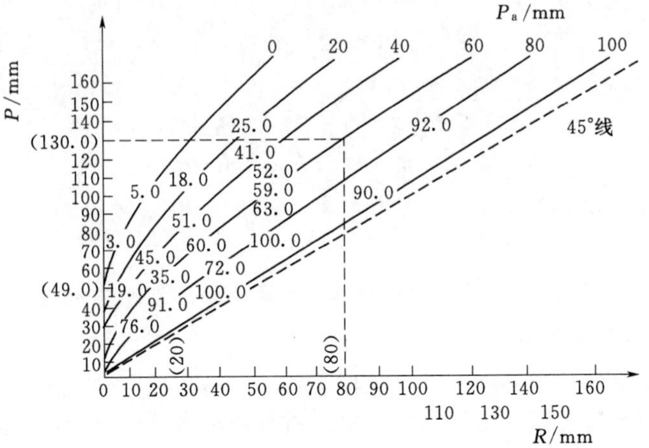

图 2.4　降雨径流相关图

$P-P_a-R$ 相关图作好后，就可以根据降雨过程及降雨开始时的 P_a 在图上求出净雨过程。在次洪模型中，P_a 计到降雨开始为止，更换次洪则更换 P_a。对于多时段降雨过程，依此类推就可求出净雨过程，即产流量过程。若降雨开始时 P_a 不在等值线上，可用内插方法查算。

降雨径流关系也可简化为 $R=f(P+P_a)$ 的形式，以 $P+P_a$ 为纵坐标，R 为横坐标，如图 2.5 所示。建立这种经验相关图，必须有足够多的实测资料，才能反映不同降雨特性和流域特征的综合经验关系。对于没有实测暴雨洪水资料的区域，可利用地形、土壤、植被、气候等条件相似的邻近地区的降雨径流相关图来估算降雨的产流量。

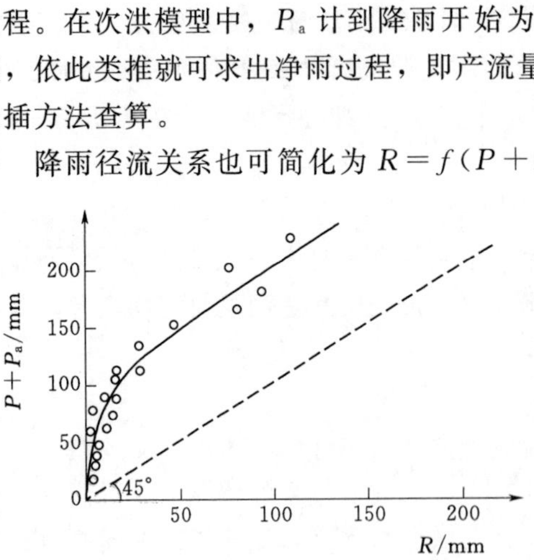

图 2.5　简化的降雨径流相关图

2.2.2.4　流域汇流预报

降落在流域上的雨水，从流域各处向流域出口断面汇集的过程称为流域汇流，包括坡地汇流和河网汇流两个阶段。流域汇流预报常采用水文学的途径来模拟，直接求出出口断面的流域汇流曲线，目前常用的汇流曲线有单位线、瞬时单位线、综合单位线和等流时线等。下面简单介绍单位线法。

谢尔曼（L. K. Sherman）单位线是根据水文资料分析和地面径流单位线，简明易用，效果较好，在水文预报和水文计算中常被采用，同时它的基本概念和假定对地下径流单位线、坡地单位线和河网单位线也基本适用。

（1）基本概念和假定。在给定的流域上，单位时段内时空分布均匀的一次降雨产生的单位净雨量，在流域出口断面所形成的地面（直接）径流过程线，称为单位线。单位净雨深一般取10mm，单位时段长可取1h、2h、3h、6h等，视流域大小而定。

（2）单位线的推求。从实测水文资料分析单位线，宜选择一次在时空分布较均匀的短时段降雨所形成的孤独较大洪水来分析。传统的推求方法有原型单位线法、分析法、图解法、试错法、最小二乘法，还有W. M. 赛德尔（W. M. Snyder，1961）迭代法和各种识别方法。

每次洪水可分析出一条单位线，流域单位线是多次洪水分别求出的单位线的综合平均值。

单位线应用流域面积的大小，按流域自然地理特征和降雨特征以及要求而定，一般不宜过大。在湿润地区一般应用面积可以大一些。但降雨特征应基本上符合单位线的假定，流域面积分配曲线不宜呈双峰型。

1）原型单位线法。这是最简单的推求单位线的方法。把一次单独时段降雨所形成的单峰流量过程线的各时段流量值，除以本次洪水的径流量再乘以10即得。因为所求单位线的时段分配与原来洪水一样，故称为原型单位线。计算公式为

$$q(t)=\frac{10}{R}Q_S(t) \tag{2.18}$$

式中：$q(t)$ 为10mm单位线，m^3/s；$Q_S(t)$ 为地面径流过程，m^3/s；R 为本次水地面径流量，与一个单位时段的净雨量 I 相等，mm。

2）分析法。对2～3个时段净雨量（特别是有一个时段净雨量最大）形成的洪水，宜用分析法推求单位线。式（2.18）可转化为

$$q=\frac{Q_i-\sum_{j=2}^{m}I_j q_{i-j+1}}{I_i}\quad (i=1,2,\cdots,n;\quad j=2,3,\cdots,n) \tag{2.19}$$

式中符号意义同上，若 Q 的时段数为 l，则单位线时段数 $n=l-m+1$。

3）试错法。该法最适用于多时段净雨过程，并有一个时段净雨量最大的情况。首先参考本流域中单独时段净雨量分析的单位线作为第一次假定的单位线 $q(t)$，求出最大时段净雨量以外的各时段净雨量产生的部分地面径流过程，如图2.6中的 $I_1q(t)$、$I_3q(t)$ 把它们错开的时段叠加，与总地面径流过程相减，其差值就是最大时段净雨量 I_2 所产生的部分地面径流过程 $I_2q(t)$，乘以 $\frac{10}{I_2}$，就得到一条试算单位线 $q'(t)$。若与第一次假定单位线 $q(t)$ 接近，即为所求；否则将两条单位线相应的纵坐标平均值，作为第二次假定的单位线。重复以上步骤，直到假定的单位线与试算单位线基本相符合为止。

实际应用时，常常分解多次洪水的单位线，对准单位线洪峰后予以平均，以减少分析

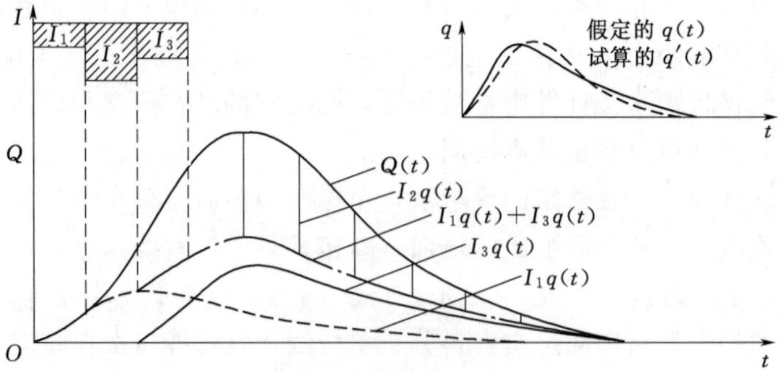

图 2.6　试错法

中的误差。

2.2.3　水库洪水预报

为了确保水库的工程安全和充分发挥水库的综合效益，做到科学管理、最大限度地利用水利资源，以适应工农业发展的需要，必须做好水库的水文预报工作。

水库水文预报，涉及面较广，预报内容较多。本章仅介绍以洪水为主要对象的水情预报方法，如水库入流量预报、调洪演算及水库水位预报。

2.2.3.1　建库后河道水力条件和水文特性的变化

在天然河道上修建水库工程拦蓄洪水后，坝址以上回水区内的原来河道被淹没，形成了人工湖泊，使水深和水面面积大大增加。不但水库周边至原河槽间的区间径流以直降雨形式进入库区，而且由于回水区水面面积和水深增大，使糙率和比降减小，显著地改善了库区的水力条件。水体汇流规律与河道有所不同，主要表现在以下几个方面。

1. 汇流速度的变化

建库以后，由于水深加大，库区的波速大大加快，洪水波进入库区后迅速向四周传播，波形急剧变化，传播时间缩短。由于库区水面比降减小，坡度变平，因此库区平均流速 $\overline{v}$ 值相应变小或趋于 0。但由于库区水深大大增加，建库后波速远较天然河道的波速要大得多，洪水传播时间也相应大大缩短。

2. 洪峰流量的变化

建库后洪峰流量一般比建库前峰值增高，峰现时间提前，如图 2.7 所示。而且这种变化随着暴雨中心越靠近回水区（即距坝较近的库段）而越明显。

3. 峰型的变化

将实测的建库前后的峰型相比，可见建库后峰型的涨水段变陡，洪量增大。高水峰腰段更为尖瘦。

由于建库后水力条件和水文特性的变化，当利用建库前实测资料编制入库流量预报方案时，应根据建库前后水文特性变化规律加以改正。同时要对库区的特性，如回水河段长占全河长的比例、库容、库面积及库盆形态等因素综合进行分析。目前对水库回水区汇流特性的认识和研究还很不够，因此，在作业预报中，常做些经验处理，如设水库回水区内汇流历时为零；将入库站的入流量和库面降雨量转化的入流量叠加后直接作为坝址处的总

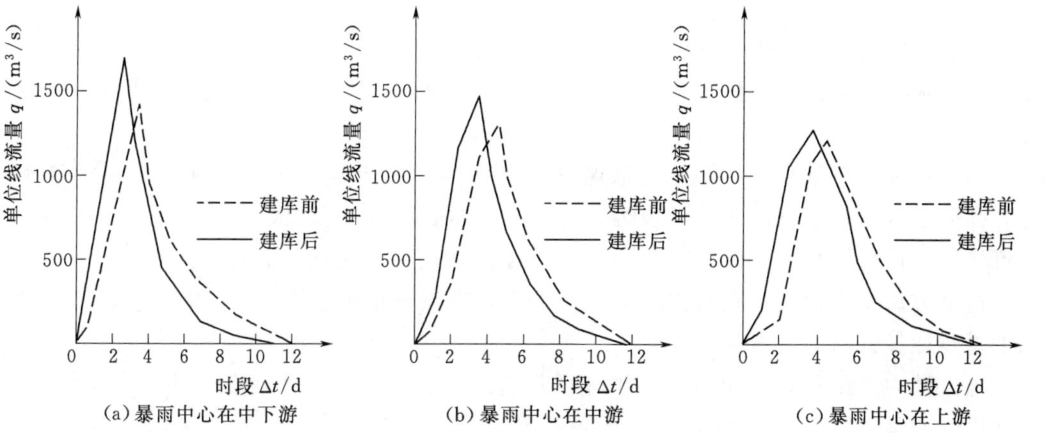

图 2.7　某水库建库前后单位线变化曲线

入流量等。

2.2.3.2　水库（湖泊）水位、流量预报

1. 入库流量预报

通过水库周边进入水库的地面径流量和地下径流量是入库径流的主要组成部分。按来水区域不同，可分为：上游各入库站实测的径流量，即上游来水量；各入库站以下到水库回水末端处区间面积上汇入库内的径流量，即区间来水量；库面直接承受的降水量所转化的径流量等 3 部分。

如果在建库前和建库后均有实测水文资料，便可根据以上流域的降雨和径流资料编制水库入库站以上流域的产流和汇流的预报方案。方法与前述天然流域的方法相同。

建库前坝址断面无实测资料时，可利用建库后的资料，根据水量平衡原理，反推入库流量过程，据此编制入库流量预报方案。

入库流量还原计算的水量平衡方程式为

$$\overline{I}=\overline{Q}\pm\frac{\Delta V}{\Delta t}+G \tag{2.20}$$

式中：$\overline{I}$ 为时段平均入库流量，m^3/s；$\overline{Q}$ 为时段平均出库流量，m^3/s；ΔV 为时段始末库容差，m^3；Δt 为时段长，s；G 为时段内损失量，m^3/s，包括蒸发、渗漏等损失量，其值如果较小时可忽略不计。

在反推入库流量过程时，常由于坝前水位代表性不足和测次不够，以及它可能受到风浪影响或计算时段选取不当等，使反推的入流过程发生锯齿形变化，甚至出现负值，难以反映真实的入库流量过程。为此，一方面，要提高库容曲线的精度和增加水位观测次数；另一方面，对观测的水库水位过程要进行合理性检查和校正。计算时段 Δt 可以通过试错确定，有时可以在一次洪水还原计算过程中采用不同的 Δt。

当入库站距水库回水末端河段较长时，需要考虑入库站至回水末端之间河段内洪水波的变形问题。应将入库站的流量过程用河道流量演算法将上游站来水演算到回水末端，但一般水库无回水末端的实测水文资料，洪水演算的参数只能视具体情况近似确定。

2. 区间洪水预报

由于区间来水量一般缺乏实测资料，不便直接分析计算。同时由于建库后造成了一定范围的回水区，如区间面积较大，则区间入流的预报应予重视。区间洪水预报有以下两种方法。

(1) 区间入流系数法。该法是假定区间和入库站以上流域的产流和汇流规律基本相近，在推求区间来水量和入流过程时，将各入库站的流量之和乘以一个系数 α，作为区间入流量。α 值大致等于区间面积 A_L 与入库站以上面积 A_u 之比值，即 $\alpha = A_L / A_u$。

这个方法是近似的，只有当区间面积不大，降雨分布比较均匀，区间与上游入库站来水的同步性较好时，才能采用。

当流域内降雨分布不均匀时，要考虑 α 值的变化。若暴雨中心偏于上游，α 值就小；若暴雨中心偏于下游，α 值就大。

(2) 指示流域法。在区间面积上找出具有实测资料，而其自然地理和水文特征对整个区间又有代表性的小河流域，作为指示流域。分析其产流和汇流规律，然后按面积的关系放大，移用于整个区间，预报整个区间入流量。当区间面积较大时，如考虑降雨和产流在面上的不均匀性，可采取分若干个小区计算净雨量，再配合区间小区域的汇流曲线分别计算入库流量过程和库面降雨形成的径流，以及前期入流的退水过程，最后进行叠加，即得整个区间的入库流量过程。

2.2.3.3 水库调洪演算基本原理

水库（湖泊）的水文预报，主要是预报水库坝前（或湖泊出口）最高水位、最大出流量及其过程。当水库入流量大于出流量时，库内蓄水量增加，水位上升；当水库入流量小于出流量时，则库内蓄水量减少，水位下降。因此，入流、出流及蓄水量的变化，组成了水库（湖泊）水量平衡关系，成为调洪演算的基础。

2.2.3.4 水库调洪演算方法

1. 调洪计算方法——蓄率中线法

水库调洪计算的依据是水量平衡方程。水库的入流由上游测站来水和区间来水（包括库水面降雨形成的径流）两部分组成。如果在洪水期，计算时间不长，可以忽略水面蒸发。水库的出流是各个泄水建筑物的总泄流量。水库的水量平衡方程为

$$\overline{I}\Delta t - \overline{Q}\Delta t = \Delta V \tag{2.21}$$

式中：$\overline{I}$ 为时段内入库流量平均值；$\overline{Q}$ 为时段内出库流量平均值；ΔV 为时段内水库蓄量的变化值；Δt 为计算时段长。

如果水库的蓄量与出流关系单一，并假定入流和出流在计算时段内呈线性变化，式(2.21)可改写为

$$\frac{V_2}{\Delta t} + \frac{Q}{2} = \frac{V_1}{\Delta t} + \frac{Q_1}{2} + \overline{I} - Q_1 \tag{2.22}$$

式中：各变量的下标1、2分别表示其时段始、末值。

对于某一水库，可根据其泄流曲线 $H-Q$ 及库容曲线 $H-V$ 计算出一定推流时段 Δt 下的水库调洪计算曲线，如图2.8所示。

出库流量过程和库水位及蓄水量的预报精度的高低，关键取决于入库流量的预报和库

水位的代表性。

水库调洪计算一般是已知入库流量过程和水库特性曲线，根据初始库水位和水库泄水建筑物的启闭情况，计算出库流量、库水位和库蓄水量过程。这种水库调洪计算可按前面所讲的调洪步骤进行。不过在通常情况下，泄水建筑物在一次洪水过程中的启闭状态是不断变化的，$Q=f(H)$ 和 $\frac{V_2}{\Delta t}+\frac{Q}{2}=f(H)$都非单一。

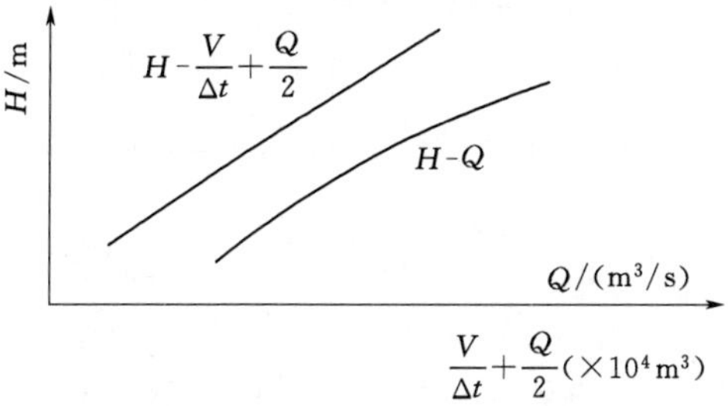

图 2.8　水库调洪计算曲线

可以编制一个灵活通用的水库调洪计算程序，进行水库的实时调度计算。它的输入参数包括水位与库容、水位与各类泄水建筑物的泄流能力曲线坐标。输入的时变参数是计算开始时的初始库水位和在一次洪水过程中拟定或实际的闸门启闭情况。输入的水文数据为入库流量过程。输出的水文数据是既定调度方案下的出库流量、库水位、库蓄水量过程。

2. *选择泄洪方案的计算方法*

为了有效利用水利资源和确保水库工程及下游行洪安全，若有闸门控制的水库，可根据预报的入库洪水过程，水库允许最高蓄水位及下游河道行洪能力等情况，综合分析下泄流量的大小和历时的长短，以此制订出较为合理的调度方案，达到有计划的蓄、泄、用水目的。下面介绍选择泄洪方案的计算方法。

只要预报出一次入库洪水总量 W，就可根据水库的起涨水位 H_0 及允许最高水位 H_P，查得不超过允许最高水位应下泄的水量 W_U 和初步拟定的平均下泄流量 Q 及相应的泄洪历时 t。

泄流方案可根据预报的精度及其具体情况而定，故可拟成先小后大或先大后小等不同的阶梯形泄洪过程，而后再根据水量平衡方程式试算库水位。

水库调洪演算的方法很多，但其基本原理则相同。应用时要根据水库特性及预报要求进行选择，其必须具备的资料是入库流量过程 $I=f(t)$、库容曲线 $V=f(H)$ 及泄流曲线 $Q=f(H)$。泄流曲线决定于水库的泄水设施及其特性。泄水设施有溢洪道及泄洪隧洞等方式，其水位—流量关系通常用水力学公式计算求得，所涉及的参数则通过模型试验或参照有关资料给定。因此，在预报过程中要用实测资料校正，以提高精度。在泄流实际操作调度时，启闭方式不同，要分别编制相应的预报图表备用。

3. *考虑动库容的调洪演算方法*

水库调洪演算，一般以库水面为水平的静库容作为计算依据。但实际上在入库流量不为零时，库面存在着水力坡降。其坡降形状取决于水库入流量、出流量及坝前壅水高度等因素的影响。当坝前水位很高且河底坡降较陡时，可近似地认为库水面为水平。当坝前水位不高及分布在库尾的库容所占比例较大时，采用库面为水平的计算方法，就可能引起较大的误差。

(1) 动库容的一般特性。天然洪水进入库区时，形成水力坡降，水力坡降线与坝前水位水平线之间形成的楔形容积称为动库容；水平线以下的容积称为静库容。由于入库流量在沿库区流程中，呈缓变不稳定流态，则每一瞬间水面线的形状是不同的，因而所对应的楔形库容也就不同。根据库区水流流态的分析，动库容是入库流量和坝前水位的函数。其一般特性如下。

1）同一坝前水位，入库流量越大，所形成的库区水面坡降越陡，则动库容越大；反之则越小。

2）同一入库流量，坝前水位越高，水面坡降线越平缓，则动库容越小；反之则越大。

3）由于水面坡降线越靠近库尾末端越陡，因此动库容主要集中于库尾。对于尾部库容所占比例较大的水库，动库容就大；反之则小。

（2）调洪演算方法。目前对于考虑动库容影响的调洪演算方法研究得还很不够，已有的一些方法，如在库区选择反映水面变化的代表站或虚移入库点以处理库容曲线，建立以入流或库区示储流量为参数的演算曲线等多属于经验性的。现简要介绍如下。

1）选代表站建立 $V=f(H)$ 关系曲线。选择反映库区水面变化的代表站，建立单一的 $V=f(H)$ 关系曲线。水库水面比降较大，经回水观测，其水面曲线基本上为直线，故可用入库站与坝址站水位的平均值代表库水位，建立水位—库容关系曲线用作演算。若入库站与坝址站水位的平均值代表性不够，则应取库区几个水位站的平均水位代表库水位。

2）虚移入库点而后按静库容调洪。虚移入库点的目的，是使移动入库点后的入库流量过程与出流过程所计算的库容曲线能基本上呈单一线，且与静库容曲线非常接近，这样移动后的入流过程可按静库容调洪工作曲线进行演算。

2.2.4 洪水作业预报

2.2.4.1 预报方案研制

对有预报任务的防洪区域，要事先研制符合流域暴雨洪水特性的预报方案。由于流域的产汇流受诸多因素的影响，规律极其复杂，北方河流表现得更为突出。因此，在研制洪水预报方案时，需对特定流域的暴雨洪水进行综合分析，确定主要影响因素，据此建立预报方案。对于流域产汇流模型预报方案，则应选择多场历史洪水对模型参数进行率定和检验，并根据流域的暴雨洪水特性对模型进行适应性分析。最后还应对预报方案精度进行评价。

2.2.4.2 预报系统开发

“水文预报就是事先估算未来状态中实时水文要素。它包括把水文学科和非水文学科，如站网设计、资料处理、水文分析和综合（模拟）、遥测技术、通信、计算机的操作使用等综合在一起的技术性工作。根据这一观点，水文预报的内容不能被认为是一种具体的水文技术，而应该被认为是一项运用多种技术发展的经济活动。”这是世界气象组织（WMO）水文水资源部主任J. 涅迈茨教授给近代作业预报实时水文系统下的定义。洪水预报是水文预报学科中的主要组成部分，洪水预报系统就是洪水作业预报的一个实时水文业务系统。

随着计算机技术的发展，洪水作业预报的自动化水平有了很大提高。目前，我国大部分流域机构和省（自治区、直辖市）的水情部门都已开发了洪水预报系统，使水情工作效率成倍提高。一个完整的洪水预报系统应包括以下几部分功能。

1. 预报模型

预报模型是洪水预报系统的核心。目前，在洪水作业预报中广泛使用的是确定性概念模型。按照预报对象的不同，预报模型可分为河道汇流模型、流域产流模型、流域汇流模型、经验模型等。

2. 模型参数率定

基于建立的预报模型，选用某一流域一定时期的连续资料进行模拟计算，根据计算结果与实测结果进行比较，求出误差。再调整参数值，比较其结果和误差，直到误差为最小，即率定出参数的最优值，完成模型参数率定。模型参数率定方法有人工试错法和自动优选法两种。人工试错法是根据人的分析判断来修改参数，最后使目标函数为最小。自动优选法采用数学最优化方法，自动求解参数的最优值。

3. 作业预报

洪水作业预报涉及信息读取、处理、计算、分析、发布等各个环节。洪水作业预报就是在计算机上完成洪水预报各个环节，提高作业预报效率。

4. 辅助模块

要完成洪水预报，提高预报精度，需要许多辅助实用模块，如数据查错、数据等时段化处理、雨量站泰森多边形面积权重计算、等雨量线绘制生成、数学优化方法、目标函数计算、实时校正方法、图形交互技术等。

2.2.4.3 重大水情的处理

在汛期，各级防汛部门的水情工作人员必须密切监视雨水情的变化，对各种水情现象作出快速反应，同时将情况及时向上级领导汇报。当然，接到重大水情电报后（如暴雨、洪峰等)，应按照“稳、准、快”的原则进行处理。

“稳”：对接收到的重大水情，要首先核实数据的正确性。因为水情电报在传输过程中有可能发生错误。

“准”：当收到重大水情电报时，首先要利用各种通信手段同水情信息的采集单位或个人取得联系，确认重大水情的正确性，并详细了解重大水情发生时的相关情况。

“快”：当对重大水情的正确性核实无误后，要及时将情况向上级防汛部门及主管领导报告，并认真做好值班记录。

2.2.4.4 作业预报

当流域内发生重大水情时，主班预报员要立即组织预报员进行各种水情的分析和预报。我国汛期开展的预报内容主要有洪峰流量、洪水过程、径流预报等，而北方流域的冬季还要开展冰情预报，内容主要有封河日期、开河日期等。

目前，水情部门使用的作业预报工具主要有传统的经验相关图和计算机实时作业预报系统两种。随着计算机软件技术的发展，传统的相关图预报手段也可以在计算机上实现。

经验相关图方法是一种传统的预报手段，是预报员在洪水预报工作中总结出来的一种简便易行的预报工具。当然，这些相关图是在对历史洪水的总结分析基础上对暴雨洪水规律的高度概化，相当一部分有很好的物理成因基础，目前在实践中仍然发挥着巨大作用。

洪水预报系统是建立在水情信息系统基础上的。目前，我国已建立了全国水情信息计算机广域网，大部分水情部门建立了实时水情数据库，这为建立洪水预报系统打下了良好的基础。

洪水预报系统首先提取实时水情数据库中的雨水情数据，并处理成预报模型所需要的数据格式，然后输入模型进行计算，最后把计算结果以图表的形式输出。一个完整的洪水预报系统还应包括历史资料的处理、模型参数的率定等内容。

预报员利用上述预报手段和工具分别作出预报后，还要进行预报会商。每个预报员要把自己的预报结果从资料的使用和处理、模型和参数的选择、实时水情特点的认识等方面进行比较详细的介绍，便于达成比较客观一致的会商结论。

2.2.5 洪水预报发布

目前，我国洪水预报的发布由各级防汛抗旱指挥部办公室归口管理。随着水文事业的发展，社会各界和新闻媒体对水文事件越来越关注，洪水预报发布的归口管理也显得越来越重要。

当预报员的会商结果作出之后，进入洪水作业预报程序的最后一个环节，即预报发布。目前，洪水预报的发布一般实行签发制度。根据各级水情部门制定的岗位责任制，对不同量级洪水预报的签发人进行了明确规定，从而使水情工作在汛期有条不紊地进行。

2.2.6 洪水预报精度评定

为了不断提高洪水预报模型的预报精度，当洪水实况出现以后，要及时对洪水预报精度进行评定。对于预报误差较大的洪水，还应对该次暴雨洪水进行深入分析，找出引起误差较大的原因，据此对预报模型进行改进和完善。洪水预报精度按《水文情报预报规范》(GB/T 22482—2008) 评定。

第3节 气象灾害预警信号图例及防御指南

2.3.1 概述

预警是指在灾害或灾难以及其他需要提防的危险发生之前，根据以往总结的规律或观测得到的可能性前兆，向相关部门发出紧急信号，报告危险情况，以避免危害在不知情或准备不足的情况下发生，从而最大限度地减轻危害所造成的损失行为。

预警级别：按照灾害性天气气候强度标准和重大气象灾害造成的人员伤亡和财产损失程度，重大气象灾害被确定为一般（Ⅳ级）、较重（Ⅲ级）、严重（Ⅱ级）和特别严重（Ⅰ级）四级预警。

预警级别颜色：一般都有蓝、黄、橙、红四种颜色等级，严重程度依次加重，分别表示一般、较重、严重、特别严重，蓝色为最低级别预警，红色为最高级别预警。

应对措施如下。

蓝色预警：一般（Ⅳ级）事故预警，采取一般应对措施。

黄色预警：较重（Ⅲ级）事故预警，采取较高的应对措施。

橙色预警：严重（Ⅱ级）事故预警，采取严重重视的应对措施。

红色预警：特别严重（Ⅰ级）事故预警，采取最高级别的应对措施。

2.3.2 预警信号及防御指南

(1) 暴雨预警信号见表2.4。

表 2.4　　暴雨预警信号

预警信号	标准	防御指南
	12h 内降雨量将达 50mm 以上，或者已达 50mm 以上且降雨可能持续	（1）政府及相关部门按照职责做好防暴雨准备工作。 （2）学校、幼儿园采取适当措施，保证学生和幼儿安全。 （3）驾驶人员应当注意道路积水和交通阻塞，确保安全。 （4）检查城市、农田、鱼塘排水系统，做好排涝准备工作
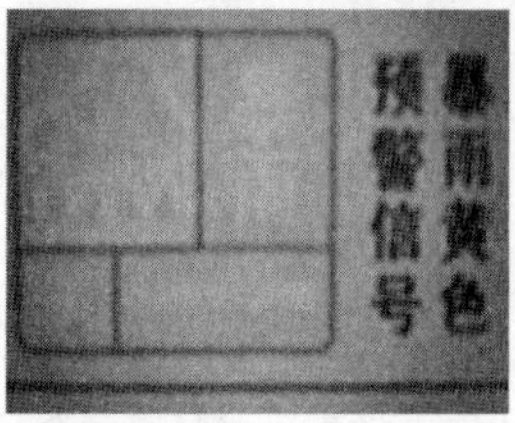	6h 内降雨量将达 50mm 以上，或者已达 50mm 以上且降雨可能持续	（1）政府及相关部门按照职责做好防暴雨工作。 （2）交通管理部门应当根据路况在强降雨路段采取交通管制措施，在积水路段实行交通引导。 （3）切断低洼地带有危险的室外电源，暂停在空旷地方的户外作业，转移危险地带人员和危房居民到安全场所避雨。 （4）检查城市、农田、鱼塘排水系统，采取必要排涝措施
	3h 内降雨量将达 50mm 以上，或者已达 50mm 以上且降雨可能持续	（1）政府及相关部门按照职责做好防暴雨应急工作。 （2）切断有危险的室外电源，暂停户外作业。 （3）处于危险地带的单位应当停课、停业，采取专门措施保护到校学生、幼儿和其他上班人员的安全。 （4）做好城市、农田的排涝，注意防范可能引发的山洪、滑坡、泥石流等灾害
	3h 内降雨量将达 100mm 以上，或者已达 100mm 以上且降雨可能持续	（1）政府及相关部门按照职责做好防暴雨应急和抢险工作。 （2）停止集会、停课、停业（除特殊行业外）。 （3）做好山洪、滑坡、泥石流等灾害的防御和抢险工作

（2）大风预警信号见表 2.5。

表 2.5　　大风预警信号

预警信号	标准	防御指南
	24h 内可能受大风影响，平均风力可达 6 级以上，或者阵风 7 级以上；或者已经受大风影响，平均风力为 6～7 级，或者阵风 7～8 级并可能持续	（1）政府及相关部门按照职责做好防大风工作。 （2）关好门窗，加固围板、棚架、广告牌等易被风吹动的搭建物，妥善安置易受大风影响的室外物品，遮盖建筑物资。 （3）相关水域水上作业和过往船舶采取积极的应对措施，如回港避风或者绕道航行等。 （4）行人注意尽量少骑自行车，刮风时不要在广告牌、临时搭建物等下面逗留。 （5）有关部门和单位注意森林、草原等防火

续表

预警信号	标　　准	防御指南
	12h 内可能受大风影响，平均风力可达 8 级以上，或者阵风 9 级以上；或者已经受大风影响，平均风力为 8～9 级，或者阵风 9～10 级并可能持续	(1) 政府及相关部门按照职责做好防大风工作。 (2) 停止露天活动和高空等户外危险作业，危险地带人员和危房居民尽量转移到避风场所避风。 (3) 相关水域水上作业和过往船舶采取积极的应对措施，加固港口设施，防止船舶走锚、搁浅和碰撞。 (4) 切断户外危险电源，妥善安置易受大风影响的室外物品，遮盖建筑物资。 (5) 机场、高速公路等单位应当采取保障交通安全的措施，有关部门和单位注意森林、草原等防火
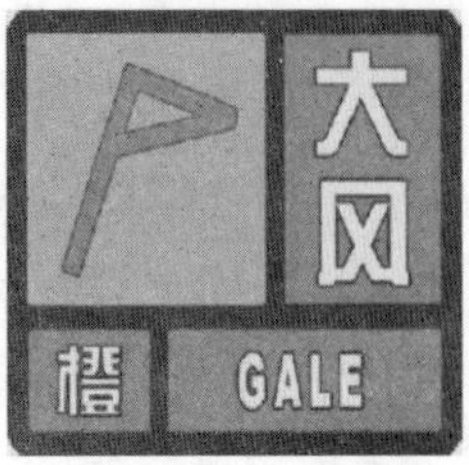	6h 内可能受大风影响，平均风力可达 10 级以上，或者阵风 11 级以上；或者已经受大风影响，平均风力为 10～11 级，或者阵风 11～12 级并可能持续	(1) 政府及相关部门按照职责做好防大风应急工作。 (2) 房屋抗风能力较弱的中小学校和单位应当停课停业，人员减少外出。 (3) 相关水域水上作业和过往船舶应当回港避风，加固港口设施，防止船舶走锚、搁浅和碰撞。 (4) 切断危险电源，妥善安置易受大风影响的室外物品，遮盖建筑物资。 (5) 机场、铁路、高速公路、水上交通等单位应当采取保障交通安全的措施，有关部门和单位注意森林、草原等防火
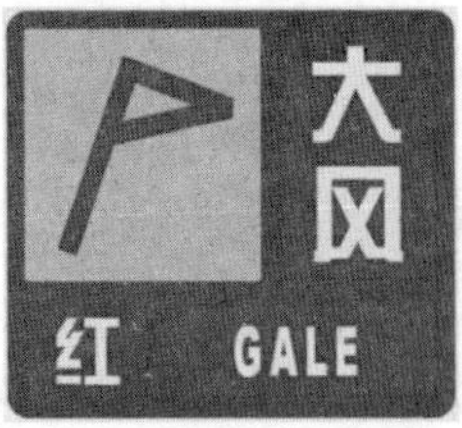	6h 内可能受大风影响，平均风力可达 12 级以上，或者阵风 13 级以上；或者已经受大风影响，平均风力为 12 级以上，或者阵风 13 级以上并可能持续	(1) 政府及相关部门按照职责应做好防大风应急和抢险工作。 (2) 人员应当尽可能停留在防风安全的地方，不要随意外出。 (3) 回港避风的船舶要视情况采取积极措施，妥善安排人员留守或者转移到安全地带。 (4) 切断危险电源，妥善安置易受大风影响的室外物品，遮盖建筑物资。 (5) 机场、铁路、高速公路、水上交通等单位应当采取保障交通安全的措施，有关部门和单位注意森林、草原等防火

(3) 雷雨大风预警信号见表 2.6。

表 2.6　　雷雨大风预警信号

预警信号	标　　准	防御指南
	6h 内可能受雷雨大风影响，平均风力可达到 6 级以上，或阵风 7 级以上并伴有雷电；或者已经受雷雨大风影响，平均风力已达到 6～7 级，或阵风 7～8 级并伴有雷电，且可能持续	(1) 做好防风、防雷电准备。 (2) 注意有关媒体报道的雷雨大风最新消息和有关防风通知，学生停留在安全地方。 (3) 把门窗、围板、棚架、临时搭建物等易被风吹动的搭建物固紧，人员应当尽快离开临时搭建物，妥善安置易受雷雨大风影响的室外物品

续表

预警信号	标准	防御指南
	6h内可能受雷雨大风影响，平均风力可达8级以上，或阵风9级以上并伴有强雷电；或者已经受雷雨大风影响，平均风力达8～9级，或阵风9～10级并伴有强雷电，且可能持续	（1）妥善保管易受雷击的贵重电气设备，断电后放到安全的地方。 （2）危险地带和危房居民，以及船舶应到避风场所避风，千万不要在树下、电杆下、塔吊下避雨，出现雷电时应当关闭手机。 （3）切断霓虹灯招牌及危险的室外电源。 （4）停止露天集体活动，立即疏散人员。 （5）高空、水上等户外作业人员停止作业，危险地带人员撤离
	2h内可能受雷雨大风影响，平均风力可达10级以上，或阵风11级以上，并伴有强雷电；或者已经受雷雨大风影响，平均风力为10～11级，或阵风11～12级并伴有强雷电，且可能持续	（1）人员切勿外出，确保留在最安全的地方。 （2）相关应急处置部门和抢险单位随时准备启动抢险应急方案。 （3）加固港口设施，防止船只走锚和碰撞。 其他同雷雨大风黄色预警信号
	2h内可能受雷雨大风影响，平均风力可达12级以上并伴有强雷电；或者已经受雷雨大风影响，平均风力为12级以上并伴有强雷电，且可能持续	（1）进入特别紧急防风状态。 （2）相关应急处置部门和抢险单位随时准备启动抢险应急方案。 其他同雷雨大风橙色预警信号

（4）台风预警信号见表2.7。

表2.7　台风预警信号

预警信号	标准	防御指南
	24h内可能或者已经受热带气旋影响，沿海或者陆地平均风力达6级以上，蓝色预警信号灯亮，或者阵风8级以上并可能持续	（1）政府及相关部门按照职责做好防台风准备工作。 （2）停止露天集体活动和高空等户外危险作业。 （3）相关水域水上作业和过往船舶采取积极的应对措施，如回港避风或者绕道航行等。 （4）加固门窗、围板、棚架、广告牌等易被风吹动的搭建物，切断危险的室外电源
	24h内可能或者已经受热带气旋影响	（1）政府及相关部门按照职责做好防台风应急准备工作。 （2）停止室内外大型集会和高空等户外危险作业，中小学生及幼儿园托儿所停课。 （3）相关水域水上作业和过往船舶采取积极的应对措施，加固港口设施，防止船舶走锚、搁浅和碰撞。 （4）加固或者拆除易被风吹动的搭建物，人员切勿随意外出，确保老人、小孩留在家中最安全的地方，危房人员及时转移

续表

预警信号	标　准	防御指南
	12h内可能或者已经受热带气旋影响	(1) 政府及相关部门按照职责做好防台风抢险应急工作。 (2) 停止室内外大型集会、停课、停业(除特殊行业外)。 (3) 相关水域水上作业和过往船舶应当回港避风，加固港口设施，防止船舶走锚、搁浅和碰撞。 (4) 加固或者拆除易被风吹动的搭建物，人员应当尽可能待在防风安全的地方。 (5) 相关地区应当注意防范强降水可能引发的山洪、地质灾害
	6h内可能或者已经受热带气旋影响	(1) 政府及相关部门按照职责做好防台风应急和抢险工作。 (2) 停止集会、停课、停业(除特殊行业外)。 (3) 回港避风的船舶要视情况采取积极措施，妥善安排人员留守或者转移到安全地带。 (4) 加固或者拆除易被风吹动的搭建物，人员应当待在防风安全的地方，当台风中心经过时风力会减小或者静止一段时间，切记强风将会突然吹袭，应当继续留在安全处避风，危房人员及时转移。 (5) 相关地区应当注意防范强降水可能引发的山洪、地质灾害

第3章

洪水特征及洪涝灾害

第1节　主要江河洪水特性

3.1.1　我国江河分布情况

我国江河众多，流域面积在 100km² 以上的河流约有 5 万条，流域面积在 1000km² 以上的河流约有 1500 条，超过 1 万 km² 的河流有 79 条。河流是气候的产物，又受地形、地貌等因素的影响，绝大多数河流分布在气候较为湿润和多雨的东部与南部地区，西北地区气候干燥，河流稀少，并有较大范围的无流区。我国主要河流特征见表 3.1。

表 3.1　　我国主要河流特征表

河　名	河长/km	流域面积/km²	注　　入
长江	6300	1808500	东海
黄河	5464	752443	渤海
淮河	1000	269283	黄海
海河	1090	263631	渤海湾
滦河	877	44100	渤海湾
珠江	2214	453690	南海
黑龙江	3420	1620170	鞑靼海峡（经俄罗斯）
松花江	2308	557180	黑龙江
辽河	1390	228960	渤海湾
闽江	541	60992	东海
钱塘江	428	42156	东海
南渡江	311	7176	琼州海峡
韩江	285	30000	南海
雅鲁藏布江	2057	240480	孟加拉湾（经印度）
浊水溪	186	3155	台湾海峡
澜沧江	1826	167486	南海（经老挝、柬埔寨）
怒江	1659	137818	安达曼海（经缅甸）
元江	565	39768	北部湾（经越南）

续表

河　名	河长/km	流域面积/km²	注　　入
鸭绿江	790	61889	黄海（中朝界河）
额尔齐斯河	633	57290	喀拉海（经俄罗斯）
伊犁河	601	61640	巴尔喀什湖（经俄罗斯）
塔里木河	2046	194210	台特马湖（内陆河）

1. 外流河与内陆河

我国的河流按其归宿不同，可分为外流河和内陆河（或内流河）两大类。外流河最终流入海洋，内陆河则注入陆地封闭的湖沼或消失于沙漠。外流河流域面积较大，约占国土面积的 65.2%；内陆河流域面积较小，约占国土面积的 34.8%。与世界河流比较，我国内陆河流域面积比例高于世界平均数（21.5%）。

我国内、外流域的主要分界线，北起大兴安岭西麓，向西南经阴山山脉、贺兰山、祁连山、巴颜喀拉山、念青唐古拉山和冈底斯山，至西端国境。在此线以东、以南，除松嫩平原、鄂尔多斯高原及西藏山南羊卓雍湖地区有零星内流区外，均属外流河流域；在此线以西、以北，除新疆额尔齐斯河为外流河以外，其他均属内陆河。

外流河中，注入太平洋的流域面积最大，约占国土面积的 58.2%。主要河流包括长江、黄河、珠江、淮河、海河、辽河，以及流经俄罗斯入海的国际河流黑龙江和流出境外入海改称湄公河的澜沧江等大江河。注入印度洋的河流流域面积占国土面积的 6.4%，主要河流有怒江（流入邻国缅甸后，改称萨尔温江，最后注入印度洋的安达曼海）、雅鲁藏布江（由我国流入印度，改称布拉马普特拉河，再流经孟加拉国，最后注入印度洋的孟加拉湾）以及印度河上游的朗钦藏布和森格藏布等。注入北冰洋的河流流域面积最小，约占国土面积的 0.6%，它所包括的唯一河流——额尔齐斯河是鄂毕河的上游，出国境后，流经哈萨克斯坦、俄罗斯注入北冰洋的喀拉海。

我国内陆河主要分布在西北干旱地区和青藏高原内部，深居内陆，海洋水汽不易到达。这里干燥少雨，水网很不发达，河流稀少，存在大片的无流区。区内河流主要依靠高山冰雪融水补给，主要河流有新疆的塔里木河、伊犁河，甘肃的黑河，青海的青海湖及西藏的众多内陆湖泊。

2. 水系分布

受气候和地形条件的制约，我国水系分布很不均衡，外流河流域处于东南季风和西南季风影响范围之内，降水丰沛，水源充足，而且大部分地表起伏显著，极少封闭地形，因而河流众多，形成许多庞大水系。内流河流域距海较远，又受山地和高原环绕，湿润气流难以深入，降水稀少，蒸发旺盛，故水系不发育，河流稀少。

河网密度的地区差别很大，它受降水量、径流量、地质和地貌条件的制约和人类活动的影响。河网密度总的情况是外流区大，内流区小。在外流区域内，南方大于北方，东部大于西部。与降水量、径流量的地区分布大致相适应。在外流区，秦岭、淮河以南和武陵山、雪峰山以东地区河网密度较大（长江三角洲和珠江三角洲河网密度最高，其中杭嘉湖平原尤高，对人类活动有一定影响）；秦岭、淮河以北的外流区域内，河网密度山区大于平原，而松辽平原、华北平原河网稀疏；武陵山、雪峰山以西的外流区内，滇东、贵州、广西一些岩溶发育地区，地表河网密度较小。内流区域河网稀少，其中上游山区支流多、密度较大。中游无支流加入，密度最小。出山口后，河流在洪积冲积扇上分汊，加以人工开挖引水渠道，使得河网密度也较大。塔里木盆地、准噶尔盆地、柴达木盆地和内蒙古高原是我国河网密度最小的区域，西藏内流区河网密度也很小，有大片无流区，无洪水问题。

地形特点对河流发育（源地、流向、分布）影响深远。我国三个地形阶梯之间的交接地带，是现代凸出的三个隆起带，也是我国外流河的三个主要发源地带。第一级阶梯，青藏高原东、南边缘，是我国最大的一些江河，如长江、黄河、澜沧江、怒江、雅鲁藏布江等的发源地；第二级阶梯，东缘，即大兴安岭—常普山地—豫西山地—云贵高原一线，是黑龙江、辽河、滦河、海河、淮河、珠江和元江的发源地；第三级阶梯，即长白山—山东丘陵—东南沿海山地，是我国较次一级河流，如图们江、鸭绿江、沂河、沭河、钱塘江、瓯江、闽江、九龙江、韩江以及珠江支流东江和北江等的发源地，这些河流虽然长度和流域面积较以上河流为小，但因降水量丰沛，水量很大，洪水发生频繁。

我国外流河流的流向，除西南地区部分河流外，受我国地形西高东低总趋势的控制，干流大都自西向东流。由于我国夏季风所形成的雨带往往近于东西向，且雨区移动也多系自西向东，与干流洪水汇流方向基本一致，因此往往造成同一流域上、下游洪水遭遇和叠加，使洪峰流量很大。河流走向对洪水形成具有密切关系。

我国内陆河发育在封闭的盆地内，绝大多数河流均单独流入盆地。因地理位置、地形、水源补给的不同，内陆河之间也有差异。

3. *河川径流量*

我国多年平均河川年径流总量为27115亿m^3，年径流深为284mm，地区分布和年际变化都很大。

因为河川径流量主要由降水补给，年径流量的地区分布特点，基本上是由年降水量分布的特点决定的。我国河川年径流量地区分布总的趋势是：自南向北递减，近海多于内陆，外流河多于内陆河，山地大于平原，特别是山地迎风坡，年径流量远远大于邻近的平原或盆地。外流区面积占国土面积的65.2%，其径流量（25950亿m^3）占全国总量的95.7%；而内流区面积占国土面积的34.8%，其径流量（1165亿m^3）仅占全国总量的4.3%。

河川年径流的年际变化主要取决于年降水量的变化，通常采用年径流的变差系数C_v值来表示。年径流的C_v值一般大于年降水的C_v值，而其地区分布趋势则与年降水变差系数的分布基本一致。冰川融水补给或地下水补给比例较大的河流，其年径流的C_v值较小。径流形成条件类似的河流，流域面积大者，其年径流的C_v值一般较小。径流的年际变化还存在连续丰水年或连续枯水年的情况。

洪水往往构成年径流的主要部分。因此，年径流量大的河流，其相应的洪水总量较大，洪水发生频次较多，汛期持续时间较长。

4. *湖泊*

我国湖泊很多，面积在1km^2以上的湖泊约有2300个（不包括时令湖），湖泊总面积约 71787km²。位于外流河流域的湖泊，以淡水湖为主，湖泊水面面积为 30650km²；位于内陆河流域的湖泊，以咸水湖和盐湖为主，面积为 41137km²，多为河流的尾闾。

湖泊对水量具有调蓄功能，直接影响流域内洪水的形成和演变过程。位于平原的湖泊，如著名的太湖、洞庭湖、鄱阳湖、洪泽湖、巢湖、南四湖等，一般都有严重的防洪问题。

3.1.2 主要江河流域洪水特性

1. 长江流域

长江洪水基本上都由暴雨形成。长江流域的暴雨集中在 5—10 月，汉水流域多秋汛洪水。雨季一般是中下游早于上游，南岸先于北岸。一般年份各河洪峰互相错开，中下游干流可顺序承泄中下游支流和上游干支流洪水，不致造成大的洪灾。成灾的大洪水主要有两种类型：一种类型是上游若干支流或中游汉江、灌水以及干流某些河段发生持续性、高强度的集中暴雨，形成洪峰特别高而洪量大的洪水。历史上的 1860 年、1870 年、1935 年及 1981 年的洪水即为此类。还有一种类型是某些支流雨季提前或推迟，上、中、下游干支流雨季相互重叠，形成全流域的普遍暴雨，使洪水遭遇，形成特大洪水，这类洪水洪峰高，特别是洪水总量很大，持续时间长，1931 年、1954 年、1998 年的洪水即属此类。但由于中下游地区要承泄上游干支流及中游支流的来洪，因此不论哪一类洪水均对中、下游平原区造成很大的威胁。

长江洪水特性如下。

(1) 洪水峰高量大、历时长。干流实测最大洪峰流量为 92600m³/s（1954 年大通站），调查最大洪峰流量达 110000m³/s（1860 年、1870 年枝城站）；主要支流如汉江、嘉陵江实测最大流量都超过 40000m³/s，调查最大洪峰流量超过 50000m³/s。一次洪水过程历时长，干流屏山、宜昌为 20～30d，汉口、大通站超过 50d，各支流一次洪水过程一般在 10d 左右。洪水来量大，河湖蓄泄能力不足是成灾的主要原因。洪峰流量大大超过河道安全泄量，超额的洪水量很大，因此一旦发生大洪水泛滥，被淹时间可以长达数月。

(2) 洪水比较稳定，年际变化小。干流宜昌、汉口、大通等站，年最大洪峰流量变差系数 C_v 分别为 0.16、0.12、0.17，相应 60d 洪量变差系数 C_v 为 0.15、0.12、0.17，各主要支流洪水年际变化也比较小，年最大洪峰流量变差系数 C_v 一般在 0.20～0.40 之间。

(3) 含沙量低，输沙量大。宜昌多年平均含沙量为 1.2kg/m³，但水量大，多年平均年输沙量为 5.3 亿 t；大通站多年平均含沙量为 0.157kg/m³，多年平均年输沙量为 4.7 亿 t。上游泥沙主要来自金沙江下游和嘉陵江流域。

2. 黄河流域

黄河下游洪水分为暴雨洪水和冰凌洪水两种类型。暴雨洪水由暴雨形成，一般发生在 6 月下旬至 10 月中旬，7 月、8 月最大。洪水主要来源于中游地区，上游洪水仅能构成下游洪水的基流，下游为地上河，基本无洪水进入。在中游地区，洪水来源又可以分为河口镇至龙门区间（简称河龙区间）、龙门至三门峡区间（简称龙三区间）、三门峡至花园口区间（简称三花区间）。河龙区间与龙三区间位于三门峡大坝以上，洪水遭遇频繁，把这类洪水简称为“上大洪水”，把以三花区间来水为主的洪水称为“下大洪水”。

黄河下游洪水特点有以下几个方面。

（1）洪水峰高量小，历时短。花园口一次洪水涨落过程为10～12d，历史调查最大洪水1761年12d洪量为120亿m^3。大洪水历时、总量远小于其他主要江河。因此，运用蓄滞洪工程可以显著削减洪峰。

（2）洪水含沙量大，水沙异源。陕县（三门峡）多年平均年输沙量16亿t，年输沙量80%以上集中在汛期（7—10月），而汛期又主要集中在一次或几次洪水过程中。91.3%的泥沙来源于中游，而58%的径流来自上游，这种水沙异源的特点，使高浓度的含沙水流造成下游河道严重淤积，每年平均约有4亿t泥沙淤积在下游河道和引水渠道内，使河床不断抬高。河道善淤善徙，水位、河势常发生突变，给河道整治、防汛带来复杂问题。

（3）洪水年际变化大。目前威胁黄河下游的洪水主要来自三门峡至花园口区间，这个地区是黄河暴雨中心区之一，洪水年际变化较大，年最大洪峰流量变差系数C_v值为0.92，远大于上游（一般小于0.4）和中游（一般小于0.6）。

（4）河道消峰作用明显。黄河下游河道上段（花园口—陶城埠）堤距5～10km，最宽处达20km，下段（陶城埠—利津）堤距0.4～5km，这种上宽下窄河道形态可以起到显著的消峰沉沙作用。

由于下游河道高悬于两岸平原，水流多沙，洪水灾害比一般河道更为严重，生态环境破坏影响深远。如果决口泛滥，后果非常严重。据分析，在不发生重大改道的情况下，现行河道洪水威胁范围约12万km^2。

3. 淮河流域

复杂的气候条件和河川地理条件是淮河流域水旱灾害频发的决定性自然因素。在伏牛山、大别山、沂蒙山区极易形成特大暴雨，加之河流错综复杂、出口不畅，极易形成洪涝灾害。淮河干流特大洪水年与特枯年的年径流量相差10倍之多，沂沭泗水系洪水变化幅度更大。淮河洪水大致分成以下三类。

（1）由连续一个月左右的大面积暴雨形成的全流域性洪水，量大而集中，对淮河干流中下游威胁最大（1931年、1954年洪水）。

（2）由连续两个月以上的长期降水形成的洪水，整个汛期洪水总量很大但不集中，对淮河干流的影响不如前者严重。

（3）由一两次大暴雨形成的局部地区洪水，洪水在暴雨中心地区很突出，但全流域洪水总量不算很大。

淮河干流的洪水特性是洪峰持续时间长、水量大，正阳关以下一般是一次洪峰历时一个月左右。每当汛期大暴雨时，淮河上游及两岸支流山洪汹涌而下，首先在王家坝形成洪峰；由于洪河口至正阳关河道弯曲、平缓、泄洪能力小，加上绝大部分山丘区支流相继汇入，河道水位迅速抬高，洪水经两岸行蓄洪区调蓄后至正阳关洪峰既高且胖。正阳关以下洪水位高于地面，淮北平原靠淮北大堤保护，洪泽湖以下地势更低，靠洪泽湖大堤及里运河大堤保护。支流洪水分两种情况：一种是山丘区河道，暴雨多，径流系数大，汇流快，在河槽不能容纳时就泛滥成灾；另一种是平原河道，暴雨也较大，径流系数随持续时间增长变大，加上地面坡降平缓，河道防洪标准低，受干流洪水顶托，常造成严重的洪涝灾害。

4. 海河流域

洪水由暴雨形成，洪水发生的时间和分布与暴雨基本一致。洪水发生时间一般都在6—9月。大洪水多出现在7月、8月。海河洪水特点如下：

(1) 洪水发生时间集中。大洪水主要集中在7月下旬至8月上旬，是全国各大江河洪水季节最集中的地区，少数年份也可以迟至9月。

(2) 洪峰流量年际变化很大。海河山区洪水除量级大以外，年际变化也极大，如永定河官厅站1925—1952年（建库前）记录到最大流量为4000m^3/s（1939年），最小年份最大流量仅为204m^3/s（1930年）。据调查，历史最大洪峰流量达9400m^3/s（1801年）。

(3) 洪水地区来源比较集中。海河大洪水主要来源于太行山和燕山的迎风山区。1956年、1963年发生的大水主要来自南系，1939年则属于北系洪水。

5. 珠江流域

珠江的洪水主要由暴雨形成，造成较大洪水的暴雨成因多为锋面、西南槽、热带低压及台风等。4—7月为前汛期，8—9月为后汛期，大洪水主要发生在前汛期。由于流域面积广，暴雨强度大，上、中游高山丘陵地区洪水汇流快，中游又无湖泊调蓄，因此遇上大面积的连续暴雨，往往形成峰高、量大、历时长的洪水，危及中下游沿江地势低洼、人口众多、经济发达的城镇和广大农村。

6. 松花江流域

松花江洪水主要由暴雨形成，大洪水多发生在7—9月，尤以8月为多，4月还会出现冰凌洪水。洪水主要来自嫩江和第二松花江。由于河槽的调蓄影响，洪水传播时间较长，涨落较慢，一次洪水历时，嫩江和第二松花江为40～60d，松花江可达90d。洪水的峰型，嫩江和松花江由于受河槽调蓄影响较大，多为平缓的单峰，有时出现双峰型洪水，前峰多为支流来水，后峰多为干流上游来水。第二松花江因暴雨出现次数频繁，年内可出现2～3次洪峰。

7. 辽河流域

辽河流域暴雨多集中在7—8月，暴雨历时一般在3d以内，主要雨量集中在24h内。由于暴雨历时短，雨量集中，主要产流区为山区、丘陵，产流速度快，故洪水峰高量小，陡涨陡落。西辽河洪水主要来源于老哈河。东辽河、浑河、太子河洪水主要来源于上游山区。辽河干流洪水主要来源于东辽河及干流左侧支流清河、柴河、泛河。辽河流域的洪、枯水流量变化较大，历史上发生的最大洪峰流量与相应河段的多年平均流量的比值超过100，河道经常处于小流量状态，主槽断面小，过水能力低，主要依靠滩地行洪。

8. 太湖流域

太湖流域地形周边高中间低，呈碟形，高差约2.50m，河道比降平缓，约1/100000；流速为0.2～0.3m/s，故泄水能力小，每遇暴雨，河湖水位暴涨，加上河网尾闾泄水受潮位顶托，泄水不畅，高水位持续时间长，极易酿成洪涝灾害。另外，平原区由于地势平坦，河道比降小，水流流向不定。往往洪涝合一，很难区分。

第2节 洪 涝 灾 害

3.2.1 我国洪涝灾害基本情况

我国是世界上洪涝灾害最为严重的国家之一。据史料记载，自公元前206—1840年的2046年中，我国共发生洪涝灾害2397次，其中较大的灾害984次，平均每两年就有一次。根据《中国灾情报告》统计，我国由洪涝灾害造成的农作物受灾面积占各种自然灾害造成的农作物受灾面积的22%，成灾面积占28%，洪涝灾害是我国危害最为严重的自然灾害之一。

水灾是世界普遍和经常发生的一种自然灾害，据估算，世界上平均由于水灾造成的死亡人口和受灾人口约占各种自然灾害死亡和受灾人口的3/4以上。据国家防汛抗旱总指挥部办公室统计，1950—2008年全国洪涝灾情年平均受灾面积9705.4万亩，其中成灾面积0.81亿亩；20世纪90年代全国平均每年受灾面积2.4亿亩，其中成灾面积1.35亿亩。据1990—2008年灾情统计资料，洪涝灾害造成的直接经济损失居各种自然灾害之首(2008年四川地震灾害除外)，约占全国各类自然灾害总损失的62.95%，约为同期GDP的1.2%（详见表3.2)，比欧、美、日等发达国家和地区的0.1%～0.2%的比例高出6～12倍。

表3.2　　1990—2008年全国洪涝灾害损失统计表

年份	农田受灾面积/万亩	农田成灾面积/万亩	受灾人数/万人	死亡人数/人	倒塌房屋/万间	水灾经济损失/亿元	自然灾害总损失/亿元	水灾占自然灾害比例/%	GDP/亿元	水灾占GDP损失比例/%
1990	17707.3	8408.4		3535	118.8	239.0	616.0	38.8	18548	1.29
1991	37000.9	21924.9	2410.0	5113	497.9	779.4	1216.0	64.1	21618	3.61
1992	14101.3	6711.9	17400.0	3012	99.0	412.4	854.0	48.3	26638	1.55
1993	24581.0	12915.6	19200.0	3499	148.9	641.7	993.0	64.6	34634	1.85
1994	28288.4	17234.3	21522.9	5340	349.0	1796.5	1876.0	95.8	46759	3.84
1995	21550.0	12001.2	20069.6	3852	245.6	1653.3	1863.0	88.7	58478	2.83
1996	30582.2	17735.0	26694.0	5840	547.7	2208.4	2882.0	76.6	67885	3.25
1997	19702.2	9771.9	18067.1	2799	101.1	930.1	1975.0	47.1	74463	1.25
1998	33437.7	20677.5	18655.2	4150	685.0	2550.9	3010.0	84.7	78345	3.26
1999	14407.8	8083.7	13013.1	1896	160.5	930.2	1962.0	47.4	81911	1.14
2000	13567.5	8094.0	12936.1	1942	112.6	711.6	2045.0	34.8	89404	0.80
2001	10706.7	6380.1	11059.4	1605	63.5	623.0	1942.0	32.1	95933	0.65
2002	18576.3	11158.5	15204.4	1819	146.2	837.9	837.9	100.0	102398	0.82
2003	30548.6	19499.7	22571.7	1551	245.4	1300.5	1886.0	69.0	116694	1.11
2004	11673.2	6025.5	10673.2	1282	93.3	713.5	1588.3	69.0	136515	0.52

续表

年份	农田受灾面积/万亩	农田成灾面积/万亩	受灾人数/万人	死亡人数/人	倒塌房屋/万间	水灾经济损失/亿元	自然灾害总损失/亿元	水灾占自然灾害比例/%	GDP/亿元	水灾占GDP损失比例/%
2005	22451.4	12325.2	20025.7	1660	153.3	1662.2	2042.1	44.9	182321	0.91
2006	15782.8	8388.6	13882.0	2276	105.8	1332.6	2528.0	81.4	211923	0.63
2007	18823.4	8953.5	17698.5	1230	103.0	1123.3	2363.0	52.7	257306	0.44
2008	13301.7	6806.4	11405.6	633	44.1	855.4	11752.0	47.5	314045	0.27
总计	396790.4	223095.5	292488.5	53034	4020.7	21301.9	44231.3	7.3	2015818	1.06
平均	20883.7	11741.9	15394.1	2791	211.6	1121.2	2328.0	48.2	106096	1.06

根据《中国灾情报告》统计，1949—1995年中国自然灾害中由水灾造成的农作物受灾面积占22%，成灾面积占28%，仅次于旱灾，但水灾造成的直接经济损失却为各种自然灾害直接经济损失之最。这充分表明，洪涉灾害是对我国人民生命财产安全、社会稳定和经济发展构成威胁最严重的自然灾害。

由于灾情统计中对洪灾与涝灾往往不分，对全国而言没有统一的涝灾统计资料。根据《中国水旱灾害》统计分析，1950—1990年全国农田涝渍平均受灾面积7935万亩，平均成灾面积5595万亩，平均每年经济损失46.71亿元。

3.2.2 洪涝灾害主要类型

我国洪涝灾害的主要致灾因素是暴雨洪水、风暴潮、融冰融雪和冰凌洪水。由于不同的自然地理条件、地形地貌特点以及人类经济社会活动特征与规模的不同，洪灾形成的条件、机制以及对经济社会发展的影响和对生态环境的影响与冲击也不尽相同。我国洪水灾害主要有以下几种类型。

1. 平原洪涝型水灾

平原洪灾主要是指由江河洪水漫淹和当地渍涝所造成的灾害。洪水泛滥以后，水流扩散，波及范围广；受平原地形影响，行洪速度缓慢，淹没时间长。涉灾是因当地暴雨和洪水泛滥致使低洼地区积水不能及时排除而形成的一种水灾，主要分布在平原和水网地区。我国平原地区的洪涝灾害往往相互交织，外洪阻止涝水外排，因而加重了内涉灾害；而涉水的外排又加重了相邻地区的外洪压力，洪涉水不分是其主要特点。平原洪涉型水灾波及范围广，持续时间长，造成的损失巨大，发生频繁，是我国最严重的一种水灾。

我国平原总面积115.2万km^2，占国土总面积的12%，主要分布在受到洪涝灾害严重威胁的七大江河（含太湖）的中下游地区。这些地区经济发达、人口稠密、财富集中，聚集了全国1/3的耕地、40%的人口及60%的国内生产总值。上述地区江河主要依靠堤防挡水，洪水位普遍高于地面高程。如黄河下游由于泥沙来量大，河床逐渐淤积抬高，形成“悬河”，加之河口淤堵，洪水宣泄不畅，对两岸构成严重威胁。

平原地区的涝灾问题十分突出，洪涝灾害往往相伴而生。随着城市化的发展，城市涝灾的问题也越来越突出。

2. 沿海风暴潮型水灾

风暴潮灾害是海洋灾害、气象灾害及暴雨洪水灾害的综合性灾害，突发性强，风力大，波浪高，增水强烈，高潮位持续时间长，引发的暴雨强度大，往往与洪水遭遇，一旦发生风暴潮常常形成严重的水灾。据统计，20世纪80年代末至90年代初我国由于沿海风暴潮导致的水灾损失约占同期全国水灾总损失的19%，仅次于暴雨洪水形成的洪涝灾害。

根据1985—1990年的统计资料，全国平均每年因风暴潮造成的农田受灾面积达1780.5万亩，倒塌房屋19.22万间，受灾人口340万人，死亡665人，经济损失达65亿元。

1992年8月31日—9月2日，9216号台风在福建长乐登陆，后蜕变为低气压继续北上，至徐州、菏泽一带，然后向东北方向移动，于2日从莱州湾出海，向辽东半岛方向移动。沿海福建、浙江、上海、江苏、山东、河北、天津、辽宁8省（直辖市）受灾，共造成直接经济损失92亿元，死亡近200人。

1994年8月21日22：00（农历七月十五），9417号台风在浙江瑞安登陆，台风登陆时中心气压760hPa，中心附近最大风力12级，最大风速超过40m/s。由此造成浙江沿海飞云江至鸥江口的瑞安、龙湾、温州等站出现历史最高潮位，浙江省直接经济损失达124亿元，死亡1216人，倒塌房屋10万余间。

1997年的9711号台风为风、雨、潮相互叠加，引起异常汹涌的浪潮，大大超过沿海现有海堤的防御能力，使沿海的浙江省、上海市、江苏省、山东省以及天津市、河北省部分地区遭受极大经济损失。其中以浙江省灾害损失最为严重，其直接经济损失达186亿元，死亡236人，倒塌房屋8.5万余间。

2006年第4号强热带风暴“碧利斯”引发的超强暴雨洪水，造成湖南、福建、广东、广西等省（自治区）655人死亡，194人失踪。8号强台风“桑美”造成459人死亡，111人失踪，沉没避风船只952艘，损坏1594艘渔船。

3. 山地丘陵型水灾

根据洪水形成原因，山地丘陵洪水又可分为暴雨山洪、融雪山洪、冰川消融山洪或几种原因共同形成的山洪，其中以暴雨山洪最为普遍和严重。其特点是历时短、涨落快、涨幅大、流速快且挟带大量泥沙，冲击力强，破坏力大。

（1）山洪灾害。山洪灾害是指山丘区因暴雨引起的洪水灾害、泥石流灾害、滑坡灾害等。

泥石流是由山洪诱发而突然暴发的裹挟大量泥沙和石块的特殊山洪，多发生在有大量松散土石堆积的陡峻山区。上述灾害多分布在我国四川、云南、重庆、陕西等省（直辖市）。据统计，山洪泥石流等灾害虽然波及范围较小，总经济损失一般不大，但往往造成较多的人员伤亡，而且有些年份相当严重，山洪泥石流、滑坡等造成的人员伤亡往往占当年水灾总死亡人数的2/3以上。

1981年7月27日，辽东半岛一次特大暴雨山洪挟卷巨石、树木倾泻而下，所经之处，人畜、房舍、村落、建筑物席卷一空，1835间房屋冲毁，664人死亡，长大铁路冲毁7km，406次列车被颠覆。

1984年5月30日，云南省东川市黑水沟暴发泥石流，仅30多分钟，造成121人死亡，30多人受伤，1000多人受灾，冲毁建筑物5万 m^2 和大量生产、生活设施，矿山停产半个月，直接经济损失达1100万元。

（2）山地丘陵区中平川和盆地的洪水灾害。这类水灾主要分布在四川盆地中部约2.9万 km^2 的平川和谷地，云贵高原约2.8万 km^2 的平川谷地和我国中部与东部山地丘陵间的中小盆地。这类水灾虽然范围不大，但由于这些平川和盆地多是我国山区城镇所在地，人口集中，工农业产值在所属省区占有举足轻重的地位，因此对区域经济社会发展造成重大影响。

4. 冰凌灾害

冰凌洪水主要发生在黄河下游、黄河上游的宁蒙河段和中游的河曲河段及松花江依兰河段。由于天寒地冻，历来有“伏汛好防，凌汛难抢”之说。

黄河下游1951年、1955年曾发生两次凌汛决口。例如，1955年利津凌汛，冰凌插塞成坝，堵塞河道，造成决口，淹没村庄360个，受灾人口17.7万人，淹没耕地88万亩，房屋倒塌5355间，死亡80人。1974年3月14日，黄河宁夏河段开河时水鼓冰开，结成冰坝，垮后复结，淹没农田4000余亩，房屋倒塌260间，受灾人口431人。局部的冰凌灾害每年都有不同程度的发生，防凌工作是有关地区防汛的重要任务。

5. 其他洪水灾害

由于战争或由地质灾害造成水灾以及水库、堤防失事等原因所引发的水灾，在中国历史上和当代都有发生。

明崇祯十五年（1642年）李自成围攻开封久攻不克，下令扒开黄河大堤水淹开封城，城内37万人口中淹死达34万人。

1933年，岷江上游叠溪发生地震，崩塌物堵塞岷江，形成4个堰塞湖。后因堵体溃决，造成下游严重洪水灾害，受淹人口高达2万余人，冲毁农田4万余亩。

1938年6月6日，国民党当局为阻止日军西进，在河南省郑州花园口扒开黄河大堤，酿成惨重水灾，泛区达44个县，89.3万人死亡，391万人外逃他乡，经济损失达10.92亿银元。黄河侵入淮河流经8年。

1975年8月，淮河流域发生特大暴雨，上游支流洪汝河、沙颍河板桥、石漫滩两座大型水库溃坝，形成特大洪水，下游仅河南省受灾人口达1100万人，冲毁房屋560万间，2.6万人死亡，京广铁路冲毁102km，停止行车18d，影响运输48d，直接经济损失近100亿元。

3.2.3 洪涝灾害特点及其危害

1. 涉及范围广

根据我国洪水类型和地区分布情况，我国绝大部分地方都有可能发生洪涉灾害。中部地区大部分处在大江河中下游，地势平坦，洪涝灾害十分严重。东部沿海地区还受风暴潮的影响，暴雨、洪水频繁发生；局部的暴雨、泥石流、滑坡等灾害经常威胁山区安全。新疆等西部地区干旱少雨，但也受融雪、冰凌、洪水威胁；黄河、松花江等流域冬春季还会受凌汛灾害。

2. 发生频次高

由于特殊的地理位置和气候系统，导致我国洪水发生频繁，加之特殊的地形特征和人口的压力及不合理的生产活动方式，使我国成为世界上洪涝灾害出现频次最高的国家之一，且水灾发生频次总体呈上升趋势。

特别是16世纪以来，洪涝灾害发生频次递增速度加快。20世纪洪涝灾害频次高达987次，比19世纪增长了122%。

20世纪以来，七大江河洪涝灾害频繁，共发生特大水灾31次，大水灾55次，一般性水灾127次（水灾等级划分标准为：特大水灾频率5%以下；大水灾5%～10%；一般水灾10%～20%）。

3. 灾害损失大

据资料统计，我国20世纪90年代由于水灾造成的年平均直接经济损失高达1169亿元，约占同期GDP的2.24%，远远高于西方发达国家的水平。

（1）洪涝灾害损失的年际分布。据记载，公元前206—1949年的2155年间，全国发生较大洪涝灾害1092次，平均每两年发生一次较大水灾。新中国成立后，各级加大了投入，全国主要江河初步形成了较为完善的防洪工程和非工程措施相结合的防洪减灾体系，但每年都发生不同程度的洪涝灾害。据统计，1950—2005年，年平均洪涝受灾面积14473万亩、成灾8132万亩、死亡4936人，并且灾害损失呈年际分布不均的态势。例如，洪涝灾害直接经济损失最大的是1998年，达2550亿元；受灾面积最大的是1991年，达36894万亩；死亡人数最多的是1954年，达4.25万人；洪涝灾害受灾面积最少的是1966年，为3770万亩；死亡人数最少的是1967年，为1095人。

（2）洪涝灾害损失的空间分布。我国地域辽阔，自然环境差异很大，具有产生多种类型洪水和严重洪水灾害的自然条件和社会经济因素。我国山地丘陵和高原占全国总面积的70%，平原盆地占总面积的30%。据统计，我国平原区农田受灾面积和倒塌房屋数约占全国总数的2/3，山丘区占1/3；而死亡人数的分布恰恰相反，平原区约占全国总数的1/3，而山丘区占2/3。

4. 危害影响

洪水灾害的危害主要表现为：影响国民经济发展；危及社会繁荣与安定；破坏生态环境。

洪涝灾害造成的经济损失在各种自然灾害中列居第一位，常常导致交通、能源、通信等重要设施破坏，大面积农田被淹，农作物减产甚至绝收。同时，为了防洪减灾，国家和人民群众不得不投入大量财力、物力和人力，严重制约了国民经济发展，并对正常的社会生活造成冲击。伴随大的洪涝灾害发生，水利、交通、通信、能源等国家基础设施往往造成不同程度的毁坏，对国民经济的影响范围广，影响时间长。

洪水灾害对社会生活的影响首先表现为人口的大量死亡。1931年江淮水灾，受灾人口4950万人，占湖南、湖北、江西、浙江、安徽、江苏、山东、河南8省当时人口的1/4，死亡达36.5万人。1954年长江中下游水灾，受灾人口1888余万人，受灾农田4755万亩，死亡3万余人。1862年一次特大风暴潮袭击珠江口，死亡人口逾10万人。洪水灾害对社会生活影响的另一方面是，大量的人口迁徙，增加了社会的动荡和不稳定因素，而安置灾民，帮助其重建家园，恢复生产给社会带来沉重的负担。1931 年全国性水灾，仅江淮 8 省灾民达 5100 余万人，大量灾民成群结队逃荒流移，社会处于动荡不安的状态。

洪水还对人类生存环境造成极大的破坏，主要表现在：破坏生态环境；毁坏农田，造成耕地失去耕作条件；打乱河流水系，造成河道排洪泄洪能力降低；污染水环境，危及人类健康。

洪水泛滥区水冲沙压，破坏农田，加剧低洼地区土壤盐碱化。例如，1963 年海河大水，由于水冲沙压而失去耕作条件的农田达 195 万亩；1938 年黄河人为扒口南泛之后，约有 100 亿 m^3 泥沙带到淮河流域，黄泛区黄土堆积，低者数尺，高者丈余，整个黄泛区原先肥沃的土地遭到毁灭性破坏。

洪水泛滥往往引发对水环境的污染，使有害病菌孳生蔓延和有毒物质扩散，直接危及人民的身体健康。淮河流域 1931 年大水后瘟疫流行，急性传染病蔓延城乡，仅江苏高邮县死于瘟疫者就有数千人。

3.2.4　洪水灾害的主要影响因素

就洪水灾害而言，包括两方面的含义，一是发生洪水，二是形成灾害。对洪水的影响因素，主要有流域的气候和下垫面两个方面。另外，由于洪水有对社会造成危害的可能，洪水造成的损失主要取决于经济、社会因素，洪水灾害又具有社会属性。影响洪水灾害的主要因素有以下几个方面。

1. 自然因素

（1）暴雨因素。我国地处欧亚大陆东岸，濒临西太平洋，属典型的亚热带季风气候区域，雨带和暴雨分布都有明显的季节性变化，暴雨是我国季风盛行期的一种常见天气现象。暴雨尤其是大暴雨往往造成丘陵山区的山洪、滑坡、泥石流灾害、平原区的洪水泛滥以及城市渍涝等灾害，是我国洪涝灾害的主要成因。

（2）自然地理因素。自然地理因素的影响涉及对流域气候、地形地貌和地质条件等多方面。对流域气候影响最大的地理环境主要是流域地理位置、海陆分布和地形差异等三大因素。

（3）洪水组合因素。对大流域和水系复杂的河流，不同的洪水组合往往产生不同特性和量级的洪水，造成的洪水灾害差别也很大。例如，影响长江流域暴雨洪水特点的因素，除天气系统外，还有暴雨笼罩面积、强度、过程历时、降雨总量以及暴雨中心位置、暴雨中心是否移动、移动路径等，在同一流域可以形成大小和峰型不同的洪水。

2. 人类活动的因素

人类活动的影响主要表现在两个方面：一是与洪水争夺空间；二是改变地形、地貌特征。

（1）对洪水活动空间的制约。主要是通过工程手段筑堤围垦、筑堤挡水、围湖造田等活动。人类通过不断地修筑堤防工程，获得越来越多的土地，人类的生活、生产空间扩大，这在很大程度上改善了人类的生活、生产环境，也有效地促进了社会经济发展。另外，大量的沼泽、湿地的围垦也使得洪水活动范围逐步缩小。任何侵占洪水宣泄空间的活动都将抬高洪峰水位，加大洪水风险。工程的防洪标准总是有限的，一旦遇到超标准洪水堤防溃决，就会加重洪灾损失。

围湖造田是人类与洪水争夺空间的一种形式。历史上长江中下游两岸通江湖泊星罗棋布，对洪水有较大的调蓄作用。随着时间的推移，因泥沙淤积等自然原因以及人类围垦的作用，使得几乎所有湖泊都有不同程度的萎缩，部分湖泊消亡。除洞庭湖、鄱阳湖两大湖泊外，其他湖泊均建闸进行控制。由于堤防的建设和通江湖泊的控制，使得洪水的活动仅限于河道和部分湖泊，同样的洪水洪峰水位越逼越高，其致灾性越来越大。

(2) 破坏森林植被和耕作技术粗放。这种破坏是人口的不断增加和生产力水平的限制，开垦荒山、荒地以及开矿等活动造成的，由于森林植被的大面积破坏，加速降雨的产汇流速度，使得同样降水，产生洪水洪峰流量加大，同时洪水泥沙含量增加，加剧了河道、湖泊淤积。洪峰流量加大又会进一步加大水土流失的速度，造成恶性循环。

(3) 洪泛区平原城市化。在洪泛平原上建设大城市和工业基地，不仅破坏森林植被，而且由于大量建造房屋和修路，使地面不透水层增加，地表水不易渗入地下，使得地下水位降低，城市化后抬高洪峰水位，加大洪峰流量。同时暴雨汇流速度加快，更易发生洪灾。

(4) 采矿和道路建设。露天采矿或道路建设经常发生弃渣、弃土石倾倒入河槽，造成河道堵塞，阻塞洪道，导致洪灾。

3.2.5 典型洪涝灾害

3.2.5.1 1954年江淮洪水

1954年，长江、淮河出现百年来罕见的流域性特大洪水。汛期雨季来得早，暴雨过程频繁，持续时间长，降雨强度大，笼罩面积广，长江干支流洪水遭遇，枝城以下1800km河段最高水位全面超过历史最高纪录。与此同时，淮河也发生了特大洪水，淮河干流洪水位普遍高于1931年。

1. 雨情

这年大气环流形势异常，从5月上旬至7月下旬，副热带高压脊线一直停滞在20°～22°N附近。7月鄂霍次克海维持着一个阻塞高压，使江、淮上空成为冷暖空气长时间交绥地区，造成连续持久的降雨过程。汛期季风雨带提前进入长江流域。4月鄱阳湖水系即出现大雨和暴雨，赣江上游月雨量达500mm以上。5月雨区主要在长江以南，鄱阳湖水系和钱塘江上游雨量在500mm以上，安徽黄山站月雨量达1037mm，300mm以上雨区范围约74万km^2。6月主要雨区依然在长江以南，位置比5月稍北移，鄱阳湖、洞庭湖水系降雨量为500～700mm，湖北洪湖县螺山站月雨量为1047mm，300mm以上雨区范围约为71万km^2。7月雨区北移，中心在长江干流以北及淮河流域，大别山区和淮河流域雨量为500～900mm，金寨县吴店站月雨量达1265mm，长江南侧除沅江、澧水流域和皖南山区雨量在500mm以上外，一般在500mm以下，300mm以上雨区范围达91万km^2，7月为汛期各月中雨量最大的一个月。8月雨区西移北上，四川及汉江中上游雨量在200mm以上，峨眉山区达600mm，长江中下游及淮河流域降雨接近尾声，月雨量在200mm以下。汛期5—7月3个月内大面积暴雨达12次之多，3个月累积雨量在600mm以上的范围达148万km^2，雨量在1200mm以上的高值区主要分布在洞庭湖水系、鄱阳湖水系和皖南山区、大别山区。其中黄山、大别山、九岭山区局部地区雨量达1800mm以上，最大点雨量黄山站达2824mm。

2. 水情

长江在全流域普降大雨的情况下，鄱阳湖水系的赣江等河在6月初和7月初发生了较大洪水。洞庭湖水系，沅江于5—7月连续发生较大洪水；湘江、澧水、资水也都出现了较大洪水。在此期间汉江和大别山南侧各支流在7月中旬和8月上旬发生了中等偏大洪水，汉口以下至湖口区间支流最大入江流量达13582m^3/s。在上述情况下，江湖水位迅速上涨，汉口站6月25日超过警戒水位（26.30m），7月18日突破1931年最高水位28.28m。在下游全面高水位的情况下，6月25日至9月6日上游宜昌站先后出现4次大于50000m^3/s的洪峰流量，8月7日最大洪峰流量达66800m^3/s，枝城站洪峰流量达71900m^3/s，在利用荆江分洪区3次分洪和多处扒口、溃口分洪，总分洪量达到1023亿m^3的情况下，沙市水位达到44.67m，城陵矶水位达到33.95m，汉口水位达到29.73m，湖口水位达到21.68m，都突破了历史最高纪录。据推算，如果不溃口、扒口分洪和江湖自然滞蓄，城陵矶站最大流量为108900m^3/s，汉口站为114183m^3/s，八里江站为126800m^3/s。

由于洪水的组成情况十分复杂，1954年长江洪水的重现期，难以用某一站点的某一水文特征来表示，若以年最大30d洪量为分析指标，则1954年洪水在宜昌站约为80年一遇，在城陵矶站约为180年一遇，在汉口、湖口站均约为200年一遇。

淮河流域，7月先后出现5次大面积暴雨，洪水主要来自上游干流和右侧支流。上游干流息县站，7月5日、11日、17日连续出现3次洪水，洪峰流量均超过3900m^3/s，22日出现最大洪峰流量5830m^3/s。经流域调蓄，淮滨以下各站基本上是一次连续洪水过程。王家坝水位从7月初起涨至9月底落平历时3个月。7月6日王家坝涨至28.64m时濛洼开闸蓄洪，23日水位达到最高29.59m，濛洼3次开闸蓄洪，最大进洪流量为1660m^3/s。王家坝以下，右岸支流史河、灌河大量洪水汇入，干流洪水大增，7日城西湖开闸蓄洪，11日陈郢子扒口进洪，城西湖最大进洪流量达7600m^3/s，23日城西湖最高水位27.82m，最大蓄水量36.4亿m^3。城西湖上、下格堤相继溃口。在沿淮各行蓄洪区相继行洪蓄洪的情况下，26日正阳关最高水位26.55m，最大流量12700m^3/s。由于淮北大堤溃决（7月27日），蚌埠站于8月4日才出现最高洪水位22.18m，超过1931年最高洪水位1.73m，最大流量11600m^3/s。洪水进入洪泽湖后，由于三河闸泄洪，8月16日蒋坝最高水位15.23m，比1931年低1.03m。据分析，1954年淮河干流正阳关和中渡以上30d洪量分别为330亿m^3和522亿m^3，其重现期相当于50年一遇。

3. 灾情

长江流域：由于新中国成立初期全面恢复整修江河堤防，修建了荆江分洪工程，加上汛期军民全力抗洪抢险，保住了荆江大堤和武汉市的主要市区，但仍然造成了巨大的经济损失和社会影响。长江干堤和汉江下游堤防溃口61处，扒口13处，支堤、民堤溃口无数。湖南省洞庭湖区900多处圩垸，溃决70%，淹没耕地385.5万亩，受灾人口达165万人，溃口分洪量达245亿m^3，其余地区也都淹没成灾。江汉平原的洪湖地区、东荆河两岸一直到武汉市区周围一片汪洋，荆江分洪区及其备蓄区全部淹没，湖北全省溃口，分洪水量达602亿m^3，淹没耕地1312.5万亩，受灾人口达538万人。江西省鄱阳湖区五河尾闾及湖区周围圩堤大部分溃决，分洪量达80亿m^3，淹没耕地243万亩，受灾人口171万人。安徽省华阳河地区分洪，无为大堤溃决，决口分洪量达87亿m^3，淹没耕地514.5万亩，受灾人口达290万人。堤防圩垸溃决，扒口共分洪1023亿m^3，淹没耕地约2500.5万亩，受灾人口达1800余万人。此外，广大农田积涝成灾，广大山地山洪为害。全流域受洪涝灾害农田面积4755余万亩，受灾人口1888余万人。京广铁路100d不能正常运行，灾后疾病流行，仅洞庭湖区死亡达3万余人。由于洪涝淹没地区积水时间长，房屋大量倒塌，庄稼大部分绝收，灾后数年才完全恢复。由于长江流域工农业生产和水陆交通运输在全国的重要地位，1954年大水不仅造成当年重大经济损失，对以后几年经济发展都产生了很大影响。

淮河流域：淮北大堤禹山坝、毛滩决口，淮北平原颍河、涡河之间形成大片洪泛区。受灾最重的安徽省农田成灾面积2620.5万亩，河南、江苏两省农田成灾面积均为1540.5万亩。全流域农田成灾面积6123万亩。由于当年淮河干流、支流已经得到初步治理，洪水得到一定程度控制，洪泽湖出口的三河闸、高良涧闸及苏北灌溉总渠的建成和运用，使洪泽湖、高邮湖水位低于1931年最高水位，保住了里运河东大堤安全。1954年水灾，安徽、江苏两省淹死1920人。

3.2.5.2 1957年松花江洪水

1957年7月、8月两月松花江流域大雨、暴雨频繁，嫩江右岸支流雅鲁河、绰尔河、洮儿河，以及第二松花江、牡丹江均发生了20～50年一遇的大洪水。松花江干流哈尔滨站出现约60年一遇的特大洪水，实测最大流量为12200m^3/s，依兰以上江段出现有记录以来的最高洪水位。

1. 雨情

受蒙古低压影响，7月、8月两月流域内大部分地区一直阴雨连绵，最多降雨日数达45d，大雨和暴雨有10次之多。其中大面积暴雨有4次：①7月24—25日暴雨主要分布在嫩江支流雅鲁河、洪儿河一带，黑帝庙最大日雨量89.5mm；②7月26—27日暴雨分布在伊通河和洮儿河，最大日雨量50～10mm；③8月1—5日暴雨分布在嫩江下游右岸和第二松花江，最大雨量洮儿河察尔森站136.9mm，第二松花江伊通河翁克站148.6mm；④8月20—22日，暴雨分布在第二松花江上游和牡丹江流域，21日整个牡丹江流域雨量均在10mm以上，四季通站日雨量达154.5mm。前3次暴雨集中在7月下旬至8月上旬，分别形成嫩江和第二松花江洪水。

2. 水情

1957年松花江流域出现全江性大洪水。7月下旬嫩江各支流先后开始涨水，8月初雅鲁河、绰尔河、洮儿河相继出现洪峰，8月9日干流江桥站洪峰流量6300m^3/s（约15年一遇）。鉴于嫩江中下游河段比降平缓，洪水期间水面宽达10余km，河槽调蓄能力大，洪水传播速度缓慢，8月29日下游大费站洪峰流量7790m^3/s（20年一遇）。在此期间，第二松花江发生特大洪水，8月22日丰满水库最大入库流量16000m^3/s（接近100年一遇），最大下泄流量6000m^3/s，进入松花江干流最大流量5900m^3/s，并与嫩江下游洪峰遭遇，同时拉林河也涨水。9月6日哈尔滨站水位上升到120.33m，实测最大流量

$12200m^3/s$。

3. 灾情

据统计，在1957年松花江洪水期间，黑龙江全省受灾人口约370万人，农田受灾面积1395万亩，冲毁房屋22878间，死亡75人，粮食减产12亿kg，直接经济损失约2.4亿元。吉林省第二松花江流域受灾农田153万亩，受灾人口36万人，死亡6人，冲毁房屋1980间。

3.2.5.3 1958年黄河洪水

1958年7月中旬，黄河中下游发生近50年来最大洪水，干流花园口站洪峰流量$22300m^3/s$（当时相当于约30年一遇）。洪水主要来自三门峡至花园口区间（以下简称三花区间）。洪水峰高量大，下游东坝头以下约400km河段洪水位超过保证水位，东平湖水位与湖堤顶持平，黄河下游防洪形势严峻。

1. 雨情

1958年7月11—15日，太平洋副热带高压中心经朝鲜半岛移向黄海南部，此时5810号台风在福建沿海登陆，受其影响7月14—18日黄河中游连降暴雨和局部大暴雨。次雨量和最大1d雨量均呈南北向带状分布。三花区间为本次降雨的高值区，面平均最大1d雨量为69.4mm，最大3d雨量为119mm，最大5d雨量为155mm（其中三花区间干流为198mm，伊洛河为168mm，沁河为94mm）。暴雨中心在三门峡至小浪底（河南孟津县）区间及伊洛河中下游，洛河支流涧水仁村最大24h雨量达650mm（调查值），位于三门峡至小浪底区间的垣曲站最大24h雨量为366.5mm，最大5d雨量为498.6mm。

2. 水情

黄河干流小浪底站7月14日20：00起涨，至17日10：00出现最大洪峰流量$17000m^3/s$（三门峡相应流量为$6000m^3/s$），伊洛河黑石关站于17日13：30出现洪峰流量$9450m^3/s$，沁河小董站相应洪峰流量为$1050m^3/s$，干流洪峰与伊洛河洪峰相遇，造成花园口站17日24：00最大洪峰流量为$22300m^3/s$。花园口以下，经河槽调蓄，流量沿程递减，19日04：00洪峰到高村，流量为$17900m^3/s$，20日12：00到达孙口，流量为$15900\ m^3/s$，经东平湖滞洪后，洪峰于21日22：00到达艾山，流量为$12600m^3/s$，23日到达洛口，流量为$11900m^3/s$，这次洪水，东平湖最大进湖流量$9500m^3/s$，最大出湖流量$8100m^3/s$，最高湖水位达44.81m，超过湖堤顶高程0.10m，湖水位较滞洪前增高3.53m，最大蓄洪量达9.5亿m^3，超蓄水量2.5亿m^3。由于东平湖滞洪使艾山站及其以下各站洪峰有较大的削减，洪水顺利通过艾山以下窄深河道，保证了济南市和黄河两岸人民安全。

花园口洪量的组成，由于主峰段峰型尖瘦，长时段洪量三门峡以上的来水占相当大的比例，在花园口站1d洪量中三门峡以上来水占35.3%，3d洪量中三门峡以上来水占45.5%，5d洪量中三门峡以上来水占49.9%。随着时段的增长，三门峡以上来水所占比例也随之增大。

3. 灾情

1958年洪水，黄河干流下游出现严重水情，兰考县东坝头以下普遍漫滩，约有400km长的河段水位超过保证水位，其中高村站水位超过0.38m，孙口站超过0.78m，深口站超过 0.79m。超过保证水位的历时为 35～40h，出现不同程度险情，对黄河下游防洪造成严重威胁。京广铁路桥被洪水冲垮两孔，交通中断 14d，东平湖最高水位达 44.81m，个别堤段洪水位超过湖堤顶 0.1m，经大力抢险才转危为安。洪水灾害主要限制在黄河大堤之间的滩区，据不完全统计，山东、河南两省的黄河滩区和东平湖湖区，淹没村庄 1708 个，受灾 74.08 万人，淹没耕地 304.5 万亩，倒塌房屋 30 万间。三花区间有关各县也遭受不同程度的水灾。

3.2.5.4　1963 年 8 月海河洪水

1963 年 8 月上旬，海河流域南部地区发生了一场罕见的特大暴雨，暴雨中心河北省内丘县獐狐村 7d 降雨量达 2050mm，雨量之大为我国大陆 7d 累积雨量最高纪录。这场大暴雨强度大、范围广、持续时间长，海河南系大清河、子牙河、南运河等都暴发特大洪水（以下简称“63・8”洪水）。8 月、9 月两月总径流量达 332 亿 m^3，部分中小型水库垮坝，京广线逾 400km 沿线桥涵、路基遭到严重破坏，豫北、冀南、冀中广大平原一片汪洋。经大力防洪抢险，保住了天津市和津浦线安全，但洪灾造成的损失仍然十分严重。

1. 雨情

这场大暴雨从 8 月 2 日开始，至 8 日结束，雨区主要分布在漳卫河、子牙河、大清河流域的太行山迎风山麓，呈南北向分布。7d 累积雨量超过 1000mm 的笼罩面积达 229.5 万亩，相应总降水量约 600 亿 m^3。这场大暴雨的时空分布有以下 3 个特点。

（1）大暴雨落区与流域分水岭配合紧密，暴雨 200mm 以上的笼罩范围为 154.5 万亩，相应降水量为 545 亿 m^3，其中 90%以上的雨区在南系三条河流 12.7 万 km^2 的流域之内。因此，造成流域汇流异常集中。

（2）暴雨中心区所在的地面高程为 200～50m，暴雨中心区位置均在山区水库坝址以下，水库对洪水拦蓄调节作用有限。

（3）暴雨期间，雨区位置自南逐渐向北移动，滏阳河和大清河两个暴雨中心出现的时间错开。据海河水利委员会分析，大清河水系越过京广铁路线（断面），最大洪峰流量出现的时间比滏阳河洪峰出现的时间滞后 33h，而滏阳河洪水流程比大清河长，暴雨中心出现的时间差增加了两河洪水遭遇机会。

2. 水情

海河“63・8”洪水主要发生在南系漳卫河、子牙河和大清河，北系洪水不大。南系三河流洪水情况如下。

（1）漳卫河。从 8 月 2 日开始涨水，各河大都出现 3 次洪峰，以 8 日洪峰最大。卫河在多处决口的情况下，北善村水文站洪峰流量 1580m^3/s。据推算，漳河岳城水库入库洪峰流量 7040m^3/s，水库下泄流量 3500m^3/s。漳河南堤扒口 5 处分洪，洪水往东北侵入黑龙港地区。漳卫河秤钩湾以上 8 月、9 月两月来水量共 82.86 亿 m^3，其中 67%水量通过四女寺、捷地、马厂 3 条河入海，经九宣闸下泄入天津的水量不足 1 亿 m^3，使南运河洪水对天津威胁大为减轻。但北岸决口有 12.96 亿 m^3 水量从黑龙港入贾口洼，却增加了天津外围的水势。

（2）子牙河。支流滏阳河位于大暴雨中心区，洪水峰高量大。8 月 2 日各河开始涨水，4 日、6 日出现两次洪峰。东川口、马河、佐村 3 座中型水库被冲毁，派河乱本水库扒口，小型水库被冲毁的数量更多。京广铁路以东滏阳河干支流堤防溃决数百处，平地行洪，永年洼、大陆泽、宁晋泊连成一片。宁晋县城墙顶距水面仅 1m。洪水在邢家湾一带以宽逾 10km 的洪流顺滏阳河向东北奔向衡水县的千顷洼，石德铁路漫水段达 20km。据估算，衡水 8 月 12 日最大流量达 14500m^3/s，最高水位为 24.42m，高出附近堤顶 1m 多。滏阳河下游右岸洪水进入黑龙港地区，左岸洪水进入溥泡河泛区，与潭溶河洪水汇合。

（3）大清河。横山岭、口头、王快、西大洋、龙门等 5 座大型水库及红领巾、刘家台、大牟山等中型水库，8 月 8 日前后出现最高库水位，大部分水库相继溢洪，界河上游刘家台水库（集水面积 174km^2）8 日凌晨溃坝失事，调查估算最大流量约 17000m^3/s。尚有小型水库如陈侯、魏村、塔坡等被冲毁。各水库以下到京广铁路一带地区的区间来水很大，加上刘家台等中小型水库溃坝失事后的洪峰，京广线西侧大部分平原地区成为一片泽国，保定市部分地区水深达 1～3m。洪水横越铁路以后，向东直泄白洋淀，白洋淀水位 9 日下午开始陡涨，14 日十方院最高水位为 11.58m，相应蓄水量为 41.72 亿 m^3。

根据马河张坊站 8 月 8 日出现 992m^3/s 的洪峰流量，中易水安各庄水库 8 日推算得最大入库流量为 6350m^3/s，最大下泄量仅 499m^3/s，削峰 92%。易水与南距马河汇合后的北河店站，8 日出现 4770m^3/s 的洪峰流量，北河店以下至白沟镇站之间，沿途发生溃决漫溢。南距马河与白沟河汇流后的白沟站，7 日即开始向新盖房分洪道分洪，9 日出现最大洪峰流量 3540m^3/s，白沟镇下泄水量直接进入东淀。

滏阳河、大清河位于两个暴雨中心区，洪水很大，京广线以西各河已是浑然一片。洪水越过京广铁路进入平原地区的洪峰流量。据估算，8 月 7 日 03：00 子牙河最大流量为 40200m^3/s，大清河 8 日 12：00 最大流量为 31000m^3/s。

3. 灾情

据计算，海河三水系 8 月总水量为 301.29 亿 m^3，大清河、子牙河洪水越过京广线泄入平原后，冀中、冀南、天津市南部广大地区一片汪洋。这场洪水主要发生在河北省境内邯郸、邢台、石家庄、保定、衡水、沧州和天津。据统计，海河全流域受灾农田达 7290 万亩，成灾 6015 万亩；受灾人口约 2200 余万人，房屋倒塌 1265 万间，约有 1000 万人失去住所，5030 人死亡；水利工程遭到严重破坏，有 5 座中型水库、330 座小型水库被冲垮，62%的灌溉工程、90%排涝工程被冲毁，大清河、子牙河、漳卫河、南运河干流堤防决口 2396 处，滏阳河全长 350km 全线漫溢，溃不成堤；铁路、公路破坏也很严重。京广、石太、石德、津浦铁路及支线铁路冲毁 822 处，累计长度 116.4km，干支线中断行车总计 372d，京广铁路 27d 不能通车。7 个专区 84%的公路被冲毁，淹没公路 6700km。这次洪水造成直接经济损失 60 亿元，用于救灾及恢复水毁工程等增加开支约 10 亿元。

3.2.5.5　1975 年 8 月淮河上游洪水

1975 年 8 月上旬，淮河上游山丘区发生了罕见特大暴雨（简称“75·8”暴雨），中心河南省泌阳县林庄最大 6h 雨量 830.1mm，成为世界相同历时最大雨量记录。淮河流域洪汝河、沙颍河下游造成极为严重的洪灾。

1. 雨情

7 月雨量偏少，8 月 4 日 7503 号台风在福建晋江登陆后，并不迅速消失，而向西北方向深入内陆，并在河南省境内停滞较长时间，造成持续大暴雨。除受台风影响外，还有其他天气系统的作用，主要是低层偏东急流和西风槽，使降水明显扩大和加强。在“75·8”暴雨到来之前，河南省各地尚在紧张抗旱，8月4—8日，出现连续5d大暴雨，暴雨区主要位于河南省许昌、驻马店、南阳地区的山丘区，暴雨中心林庄24h、3d、5d最大雨量分别为1060.3mm、1605.3mm、1631.1mm。这场暴雨连续5d累积雨量超过200mm的笼罩面积为4.38万km^2，相应面积降水总量为201亿m^3。“75·8”暴雨之所以造成严重灾害，主要是暴雨中心强度特别大。

2. 水情

洪水主要发生在淮河支流洪汝河、沙颍河和汉江支流唐白河的左岸支流唐河。与之毗邻的流域洪水都不大，如淮河干流淮滨站最大流量为4230m^3/s；颍河李家湾站最大流量为1140m^3/s；北汝河襄城站最大流量为3000m^3/s。暴雨中心地区洪水量级极大，洪汝河上游一条小支沟石河祖师庙河段，集水面积71.2km^2，据调查测算，最大流量为2470m^3/s，汝河板桥水库以上集水面积为768km^2，据调查，最大入库洪水高达13000m^3/s，接近同等面积世界最大流量记录。

位于暴雨中心区的两座大型水库——汝河板桥水库和洪河石漫滩水库，均于8月8日凌晨失事。板桥水库垮坝最大流量78800m^3/s，6h下泄洪水7.01亿m^3，溃坝洪水进入河道以后，以平均约6m/s的流速冲向下游，至遂平县附近水面宽展至10km，过遂平县以后，部分洪水进入宿鸭湖水库，另一部分洪水沿洪河、汝河漫流而下。石漫滩水库最大垮坝流量约30000m^3/s，5.5h水库泄空，泄洪量1.67亿m^3，下游田岗水库（中型）也随之垮坝，洪河左堤和右堤均漫决，左堤漫决洪水向东进入老王坡滞洪区，右堤漫决洪水沿洪汝河下游平原漫流而下。老王坡、泥河洼先后漫溢决口，沙颍河、洪汝河堤防普遍漫决，洪水相互窜流，造成大面积洪泛区，泛区面积达12000km^2。

“75·8”暴雨洪水集中在洪汝河、沙颍河两水系，淮河干流洪水不大，上游淮滨站洪峰流量为4230m^3/s，正阳关（鲁台子）最大流量为7990m^3/s（约10年一遇）。8月8日至9月15日鲁台子下泄总量146.37亿m^3（包括7504号台风降水造成的洪水量）。“75·8”暴雨产水量约129亿m^3，其中洪汝河（班台以上）来水量57亿m^3，沙颍河（阜阳以上）来水量56亿m^3，淮河干流淮滨以上来水量15亿m^3，区间约1亿m^3。蚌埠以上濛洼、城东湖蓄洪区和南润段、润赵段、赵庙段、唐垛湖、姜家湖、便峡段、上六方堤、下六方堤、石姚段、幸福堤、荆山湖等11个行洪区在8月15—22日相继蓄洪、行洪，蚌埠站（吴家渡）在上游行、蓄洪区运用的情况下最高水位为21.06m（8月25日），最大流量为6900m^3/s，为不到10年一遇的常遇洪水。蚌埠以下沿淮行洪区都未使用，洪水传至洪泽湖时影响已不明显。

3. 灾情

这次特大暴雨洪水，虽然是局部性的，但受灾区域内灾情非常严重。河南省有29个县（市）受灾，受灾人口1100万人，560万间房屋被冲毁，淹死26000余人。洪灾主要集中在许昌、驻马店和南阳3个地区。遂平、西平、汝南、平奥、新蔡、漯河、项城、临泉等县灾情最重，城内平地水深2～4m，工厂停产、建筑设施被毁；农田受灾面积达1695余万亩，其中有1095万亩农田灾情极重，有的失去耕种条件；水利工程遭到严重破坏，两座大型水库、两座中型水库、两个滞洪区和58座小型水库被冲毁，堤防决口2180处，漫决总长度810km。京广铁路冲毁102km，中断行车18d，影响运输48d。这场水灾直接经济损失约100亿元。

3.2.5.6 1998年长江、松花江洪水

1. 雨情

1998年我国气候异常。主汛期，长江流域降雨频繁、强度大、覆盖范围广、持续时间长；松花江流域雨季提前，降雨量明显偏多。1998年6—8月长江流域平均降雨量为670mm，比多年同期平均值多183mm，偏多37.5%，仅比1954年同期少36mm，为20世纪第2位。

(1) 长江流域。6月12—27日，江南北部和华南西部出现了入汛以来第1次大范围持续性强降雨过程，总降雨量达250～500mm，部分地区比常年同期偏多9成～2倍；6月28日至7月20日，降雨主要集中在长江上游、汉江上游，降雨强度相对较弱；7月21—31日，降雨主要集中在江南北部和长江中游地区，雨量一般为90～300mm，部分地区比常年同期偏多1～5倍；8月1—27日，降雨主要在长江上游、清江、澧水、汉江流域，其中嘉陵江、三峡区间和清江、汉江流域的降雨量比常年同期偏多7成～2倍。

(2) 松花江流域。松花江上游的嫩江流域，6月上旬至下旬出现持续性降雨过程，部分地区降了暴雨。7月上旬降雨仍然偏多，下旬又出现持续性强降雨过程。8月上中旬再次出现强降雨过程，大部分地区出现了大暴雨，局部地区半个月的雨量接近常年全年的雨量。嫩江流域6—8月平均降雨量577mm，比多年同期平均值多255mm，偏多79.2%。松花江干流地区6—8月面平均降雨量492mm，比多年同期平均值多103mm，偏多26.5%。

2. 水情

由于1998年气候异常，汛期降雨量明显偏多，造成了长江、松花江等流域的大洪水。

(1) 长江洪水。1998年汛期，长江上游先后出现8次洪峰并与中下游洪水遭遇，形成了全流域性大洪水。

6月12—27日，受暴雨影响，鄱阳湖水系暴发洪水，抚河、信江、昌江水位先后超过历史最高水位；洞庭湖水系的资水、沅江和湘江也发生了洪水。两湖洪水汇入长江，致使长江中下游干流监利以下水位迅速上涨，从6月24日起相继超过警戒水位。

6月28日至7月20日，主要雨区移至长江上游。7月2日宜昌出现第1次洪峰，流量为54500m^3/s。监利、武穴、九江等水文站水位于7月4日超过历史最高水位。7月18日宜昌出现第2次洪峰，流量为55900m^3/s。在此期间，由于洞庭湖水系和鄱阳湖水系的来水不大，长江中下游干流水位一度回落。

7月21—31日，长江中游地区再度出现大范围强降雨过程。7月21—23日，湖北省武汉市及其周边地区连降特大暴雨；7月24日，洞庭湖水系的沅江和澧水发生大洪水，其中澧水石门水文站洪峰流量19900m^3/s，为20世纪第2位大洪水。与此同时，鄱阳湖水系的信江、乐安河也发生大洪水；7月24日宜昌出现第3次洪峰，流量为51700m^3/s。长江中下游水位迅速回涨，7月26日之后，石首、监利、莲花塘、螺山、城陵矶、湖口等水文站水位再次超过历史最高水位。

8月，长江中下游及两湖地区水位居高不下，长江上游又接连出现5次洪峰，其中8月7—17日的10d内，连续出现3次洪峰，致使中游水位不断升高。8月7日宜昌出现第4次洪峰，流量为63200m^3/s。8月8日04：00沙市水位达到44.95m，超过1954年分洪水位0.28m。8月16日宜昌出现第6次洪峰，流量为63300m^3/s，为1998年的最大洪峰。这次洪峰在向中下游推进过程中，与清江、洞庭湖以及汉江的洪水遭遇，中游各水文站于8月中旬相继达到最高水位。干流沙市、监利、莲花塘、螺山等水文站洪峰水位分别为45.22m、38.31m、35.80m和34.95m，分别超过历史实测最高水位0.55m、1.25m、0.79m和0.77m；汉口水文站8月20日出现了1998年最高水位29.43m，为历史实测记录的第2位，比1954年水位仅低0.30m。随后宜昌出现的第7次和第8次洪峰均小于第6次洪峰。

(2) 松花江洪水。1998年入汛之后，松花江上游嫩江流域降水量明显偏多，先后发生了3次大洪水。

第1次洪水发生在6月底至7月初，洪水主要来自嫩江上游及支流甘河、诺敏河。第2次洪水发生在7月底至8月初，洪水以嫩江中下游来水为主，支流诺敏河、阿伦河、雅鲁河、绰尔河、洪儿河发生了大洪水。第3次洪水发生在8月上中旬，为嫩江全流域型大洪水。支流诺敏河古城子水文站、雅鲁河碾子山水文站、洮儿河逃南水文站水位均超过历史纪录。受各支流来水影响，嫩江干流水位迅速上涨，同盟、齐齐哈尔、江桥和大赉水文站最高水位分别为170.69m、149.30m、142.37m、131.47m，分别超过历史实测最高水位0.25m、0.69m、1.61m、1.27m。在嫩江堤防6处漫堤决口的情况下，齐齐哈尔、江桥、大赉水文站的洪峰流量都超过了1932年。

松花江干流哈尔滨8月22日出现最高水位120.89m，超过历史实测最高水位0.84m，流量16600m^3/s，洪水重现期约为150年，大于1932年（还原洪峰流量16200m^3/s）和1957年（还原洪峰流量14800m^3/s）洪水，为20世纪第1位大洪水。

3. 灾情

1998年洪水大、影响范围广、持续时间长，洪涝灾害严重。在党和政府的领导下，广大军民奋勇抗洪，新中国成立以来建设的水利工程发挥了巨大作用，大大减少了灾害造成的损失。全国共有29个省（自治区、直辖市）遭受了不同程度的洪涝灾害。据统计，受灾面积3.34亿亩，成灾面积2.07亿亩，死亡4150人，倒塌房屋685万间，直接经济损失2551亿元。江西、湖南、湖北、黑龙江、内蒙古、吉林等省（自治区）受灾最重。其中长江中下游的湖南、湖北、江西、安徽、江苏5省有8411万人受灾，农作物成灾9787万亩（按行政区划统计），倒塌房屋329万间，死亡1562人，直接经济损失1345亿元。

1998年长江的洪水和1931年、1954年一样，都是全流域性的大洪水，但洪水淹没范围和因灾死亡人数比1931年和1954年要少得多。一是洪水淹没范围小。1931年干堤决口300多处，长江中下游几乎全部受淹。1954年干堤决口60多处，江汉平原和岳阳、黄石、九江、安庆、芜湖等城市受淹，洪水淹没面积4755万亩，京广铁路中断逾100d。1998年长江干堤只有九江大堤一处决口，而且几天之内堵口成功，沿江城市和交通干线没有受淹。长江中下游干流和洞庭湖、鄱阳湖共溃垸1075个，淹没总面积482万亩，耕地295万亩，涉及人口229万人，除湖南安造垸为重点垸，湖北孟溪垸为较大民垸，湖南澧南垸、西官垸为蓄洪垸外，其余均属洲滩民垸；二是死亡人数少。在20世纪长江流域发生的3次大洪水中，1931年死亡14.5万人，1954年死亡3.3万人。1998年受灾严重的中下游5省死亡1562人，且大部分死于山区的山洪、泥石流。

第3节 防洪减灾信息技术

3.3.1 遥感技术

遥感（Remote Sensing，RS）技术是20世纪60年代以来蓬勃发展起来的一项新兴的综合性探测技术。它主要是利用装在飞机或人造卫星等运载工具上的传感器获取地表的图像或光谱数据，并通过对图像与光谱数据的处理和判读，达到鉴别地表物体及其性质的目的。因遥感技术具有许多优越性，已广泛应用于众多领域，其中在防洪减灾方面的应用，尤为显示其优势与成效。

1. 遥感技术的特点及其对于防洪的意义

遥感技术的主要特点有：视域广阔、观测面积大；可重复观测；获取图像、数据和处理过程迅速；具有多种工作波段；不受地理条件限制等。

洪水是一种宏观现象，其发生和影响范围常常较大。遥感不受时间、地点和恶劣气候的影响，可快速跟踪监测洪水，提供各种不同比尺的遥感图像，以满足防洪决策部门随时获知洪水信息及做好抗洪救灾工作的需要。

2. 遥感技术在防洪减灾及河道演变分析中的运用

（1）调查洪水淹没范围及监测洪水。调查洪水淹没范围和灾情，有助于正确估算洪水灾害损失，为国家采取必要的救灾措施提供科学依据。例如，美国亚利桑那州希拉河上游于1972年10月21日出现有记录以来第3位的大洪水，美国学者用退水一个星期后的陆地卫星相片，绘制成洪水淹没图，其结果与用低空航片及实地调查绘制的洪水淹没界限十分相近。同时他们还根据地表尚未退去的洪水和饱和土壤水的分布情况区分出重灾区、中等灾区、轻灾区，迅速提供出受灾范围及灾害程度图，确定受灾面积及受灾村镇等。

用遥感监测洪水主要是通过对洪水期间获得洪泛区的多次遥感图像进行处理、制图和对比分析来实现的。1978年美国学者为了监视北雷德河发生的洪水，利用NOAA-5极轨气象卫星上很高的分辨扫描辐射仪在洪水期间获得的4次红外图像，经过几何校正，作出洪泛区范围图，对比4次洪水淹没范围图和地面实测流量过程线，可以看到洪峰流量和从卫星图像上勾绘的最大的洪泛区是一致的。洪峰过后，流量和淹没卫星图像上反映出的洪水消退也和地面实测的一致。

（2）遥感技术在洪水与径流预报中的应用。这方面目前尚处在探索阶段。这里有两个与洪水预报有关的问题：一是通过遥感冰雪覆盖的面积及其变化，预报某一来源的河流的径流与洪水；二是应用遥感技术调整和校核洪水预报模型中水位-容积关系，即利用一个河段多次重复的遥感图像，进行几何校正、水体轮廓提取和水面面积量算，再根据每次遥感成像时地面上测得的水位，作出水位—面积关系曲线，得到水位-容积关系。

(3) 在河道演变分析中的应用。例如，对长江江苏河段应用遥感多时相分析方法进行岸滩变迁动态调查，研究河道的时空演变规律，结合河床边界条件分析及江岸崩坍灾害调查，进行江岸稳定性评价，为长江江苏段治理及防洪减灾提供基础资料。

3.3.2 地理信息系统

1. 概述

地理信息系统（Geographic Information System，GIS）是指以地理空间数据库为基础，在计算机软件和硬件的支持下，运用系统工程和信息科学的理论，对具有空间内涵的相关地理数据进行采集、管理、操作、分析、模拟和显示，并采用地理模型分析方法，适时提供对规划、管理、决策和研究所需的多种空间的动态地理信息，为地理研究和地理决策服务而建立起来的计算机技术系统。它是一门介于信息科学、计算机科学、现代地理学、测绘遥感学、空间科学、环境科学和管理科学之间的新兴边缘学科，目前已迅速形成一门融上述各学科及各类应用对象为一体的综合性高新技术。

GIS包含专题地理信息系统、区域地理信息系统和地理信息系统工具3个方面的内容。

(1) 专题地理信息系统。这是具有有限目标和专业特点的地理信息系统，系统数据项的选择和操作功能设计是为特定的专门目标服务的，因而系统冠以服务目标的名称，如水资源管理信息系统、森林动态监测信息系统、水土流失信息系统及环境管理信息系统等。

(2) 区域地理信息系统。其目标是区域的综合研究和全面的信息服务，规模可以是国家级的，或省、地、市、县级的等，也可以按自然分区或以流域为单位来划分的地理信息系统，其特点是数据项多、功能齐全、通常具备较强的开放性，如黄河流域信息系统、加拿大国家信息系统。

(3) 地理信息系统工具。这是一组具有图形图像数字化、存储管理、查询检索、分析运算和多种输出等地理信息系统基本功能的软件包，是专门为GIS的建立和开发而研制的，为用户提供基础性地理信息管理与分析功能，它具有对计算机硬件适应性强、数据管理和操作率高、功能强以及具有普遍性、易于扩展、操作简便、容易掌握等特点。

2. GIS的组成

从计算机科学角度看，完整的GIS由4个部分组成，即GIS硬件系统、GIS软件系统、GIS地理空间数据库以及系统的组织管理和使用人员。其中，硬件和软件系统是核心部分，地理空间数据库可以用来表达地球表层的地理数据，而系统的组织管理和使用人员，则决定系统的工作方式和信息表达方式。

GIS的技术人才应当具备很好的测绘、遥感、地理、计算机技术和应用科学等基础知识，能够处理各类技术问题的经验，以及较强的组织指挥能力和决策问题的能力。

3. GIS在防洪减灾、河道演变分析方面的应用

(1) 在洪水预报方面的应用。

1) 水文站网规划与管理。将地理信息系统的空间定位和信息组织功能应用于水文站网的辅助规划与管理，可以使站网布设既能够减少投资，又能有效地满足洪水预报和水资源评价利用的要求。由地理信息系统、遥感和全球定位系统结合而成的3S技术有着良好

的发展前景，将在站网规划与管理中发挥越来越重要的作用。

2）信息查询和空间信息分析。在洪水预报系统中，一般以数字化电子地图为背景，应用GIS和关系型数据库来实现水情信息的查询、检索、显示和分析计算等。另外，新兴的Web GIS使得GIS技术通过互联网功能得以扩展，可以实现真正的信息共享。应用基于Web的分布式体系结构和GIS系统集成技术，可以极大地扩展洪水预报系统的功能，并有助于实现不同防洪调度系统的集成管理。

3）模型参数的确定。流域水文模型的参数如河道长度、单元面积、土壤分布等，大多可以应用GIS直接根据地理信息分析确定。泰森多边形可以被标记以不同的颜色直观地显示，泰森多边形的中心位置、周长和面积可直接由区域对象的属性获取。

（2）在防洪减灾方面的应用。主要是先以遥感技术处理与分析灾情等有关信息，为防洪减灾决策提供理想的信息支持。中国科学院资源与环境系统国家重点实验室，用GIS研究开发的洪水预测和灾情信息系统以及黄河三角洲区域信息系统等，即为决策服务的实例。

（3）在河道演变分析方面的应用。例如，长江镇扬河段应用研发的地理信息系统工具软件，可对不同测次的水下地形图进行信息化处理。通过对原始测点三角网插值，产生不规则三角网模型（TIN），继而转化成栅格数据模型（GRID），使之具有数字高程模型（DEM）的特性。在DEM的基础上，生成等高线、河道2D模型、3D模型和任意断面的形态图，GRID运算后产生任意时段、任意区域的冲淤图、冲淤等值线和冲淤3D形态图等，从而可直观地显示河道的冲淤演变过程。

3.3.3 全球卫星定位系统

1. 全球卫星定位系统的特点

全球卫星定位系统（GPS）由美国国防部于1993年研究建成。最初的设计建造是为了使其能够在海、陆、空3个领域内提供适时、全天候和全球性的导航服务，以及用于情报收集、核爆监测、应急通信等军事目的。由于GPS系统以“多星、高轨、高频、测时—测距”为体制，以高精度的原子钟为核心，全球覆盖，导航定位精度高、速度快、隐蔽性好、抗干扰能力强、容纳用户多等特点，现已广泛用于工程测绘、交通、海洋、地质、水利、电力、港建、石油等领域。

2. 全球卫星定位系统在防洪减灾中的应用

GPS现已广泛应用于我国的水利工程建设中。例如，在长江水资源监测与开发中，特别是在1996年、1998年、1999年及2002年的长江洪水监测预报中发挥了重要作用。此外，还应用于长江险工险段监测、水下地形测量以及湖泊水域、护岸工程、大坝安全、泥石流滑坡预警等监测方面。

3.3.4 3S集成系统

3S集成系统即指遥感（RS）、地理信息系统（GIS）及全球定位系统（GPS）等3个技术系统的联合与运用。这3个空间信息处理技术系统，除可独立完成自身的功能外，还日益显示出彼此相互依赖、相互需要、相互支持的发展趋势。在实际应用中，很多空间领域所要解决的问题，常常需要3个系统联合应用，即从RS技术中获取信息，由GPS进行定位、定向及导航，由GIS进行分析处理，并提供各种图件，最终提出决策实施方案。因此，三者的结合和集成已成为空间信息系统的发展方向，集成理论的探索正在不断深化。3S集成系统的研究，尤其是对基于多媒体技术及网络技术的3S集成系统的研究，已成为各有关学科关注的重要研究课题。在3S集成系统中，简单地说，GIS相当于中枢神经，RS相当于传感器，GPS相当于定位器，三者的联合应用将使人们感受到地球的实时变化。

3S集成系统在水利工程中的应用，主要表现在水文水资源监测、洪水灾害监测与评估、流域土壤侵蚀和水土保持、河道演变分析以及水库、湖泊、河流水下地形测量等方面。在防洪减灾方面，联合应用有关遥感数据，在GIS的支持下，结合GPS定位与导航，进行遥感图像处理，解决水体识别、云影消除、洪水演进监测与分析、行洪障碍调查、淹没损失评估等。我国1991年在太湖流域，1993年在黄河下游，1994年在福建省和广东省等地，利用3S集成分别进行了洪水灾害应急反应实际应用。可以预期，随着信息时代的到来，水利信息学的出现已为期不远，而3S集成则必将成为水利信息学的重要组成部分和技术支撑。

3.3.5 水文遥测系统

水文遥测系统是一种先进的水文气象参数适时收集、传输、处理系统，也是一种数字式遥测系统。它应用遥测、电子计算机和通信等技术，完成江河流域内降雨量、水位、流量、含沙量和水利工程运用等有关参数的适时自动采集、传输和处理，以实现防洪、供水、发电等优化调度，提高防洪能力和水资源利用的社会经济效益。

1. 系统组成及工作方式

遥测系统一般由若干个水情、雨情遥测站和中心站组成。遥测站进行数据采集和发送；中心站则进行数据接收和处理。在受地形等条件影响，信息传输不理想的情况下，还需在遥测站和中心站之间增设中继站。

水文遥测系统的工作方式有自报式、应答式和混合式3种。

（1）自报式。遥测站按照规定的时间间隔或在被测的水文要素发生一个规定增量（如水位涨或落1cm）时，自动向中心站发送水文数据，中心站的数据接收设备始终处于工作状态。

（2）应答式。遥测系统由中心站发出指令，定时或不定时地呼叫遥测站，遥测站响应中心站的查询，适时采集水文气象数据并发送给中心站，中心站收集完所有数据后，即进行处理、存储。

（3）混合式。遥测系统是由自报式遥测站和应答式遥测站混合组成的系统，兼有自报式和应答式两种功能。

在上述3种工作方式的遥测系统中，自报式遥测系统设备简单，可靠性高，电源功耗和系统造价较低；应答式遥测系统具有通话功能，便于人工控制，但设备较为复杂，与自报式相比可靠性低些、功耗和造价大些；混合式遥测系统则介于两者之间。

2. 系统的数据处理与传递

水文遥测系统中，水情、雨情数据的处理与传递包括两方面内容，即系统数据处理和水情、雨情情报的分发与传递。

数据处理过程指本系统遥测站采集、传输来的数据以及通过电话电报传输来的其他水文数据，进入中心站计算机进行加工处理，提供预报和其他水文成果的整个过程。

系统内各遥测站的水情、雨情，经中心站接收并经数据处理，生成各种根据用户要求编制的文件和图表后，有的通过计算机联网传递，而多数情况下则是利用通用或专用的通信方式（如有线电话、短波、微波、超短波、卫星等）予以分发和传递。

3. 黄河三花间水文遥测系统简介

黄河三门峡到花园口区间建成的水文遥测系统，由三级站组分二级控制。三级站包括：郑州预报中心和洛阳通信中继站，陆浑、小浪底等7个数据收集站（即分中心）和233个遥测站（189个雨量站、3个水位站、26个水文站、15个水库站）以及小区中继站。中心对收集站的控制为第一级控制，收集站对所属遥测站的控制为第二级控制（图3.1）。

小区编号	收集站名	遥测站数
Ⅰ	陆浑	21
Ⅱ	故县	28
Ⅲ	宜阳	28
Ⅳ	小浪底	52
Ⅴ	白马寺	23
Ⅵ	五龙口	42
Ⅶ	小董	39

合计:233

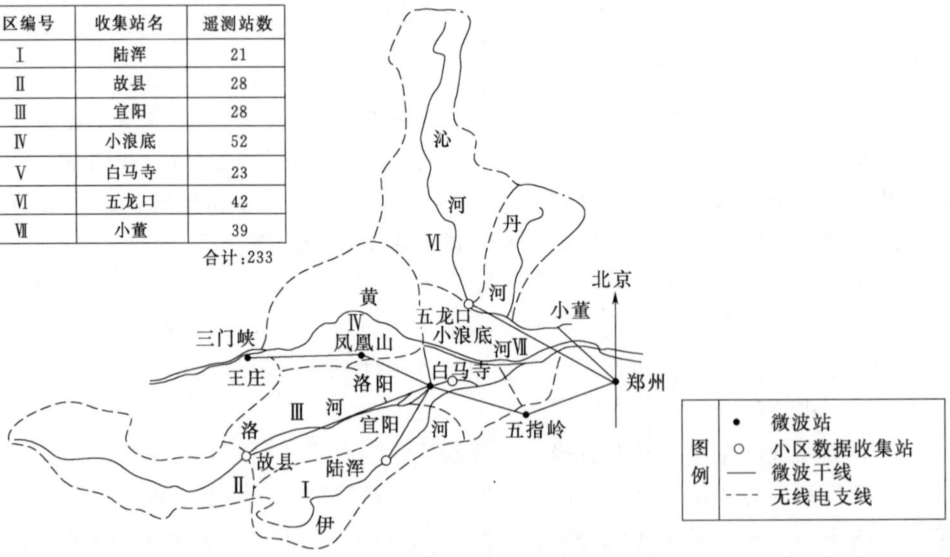

图3.1 黄河三花间水文遥测系统分布示意图

遥测站通过自动仪表采集雨量和水位数据，连同人工观测的流量、含沙量等数据，自动地或在中心控制下经过无线电传递给数据收集站。收集站的计算机系统自动收集所辖遥测站的实时数据，进行处理并形成数据文件，发布预报及警报。预报中心控制收集站收集实时数据，进行预处理和存储，完成预报作业，发布预报及警报。

该系统建成后能随时监测雨情、水情变化，及时发出警报。在15min内完成一次全区的数据收集，30min内完成一次预报作业。利用先进的计算模型，同时考虑中小水库调节、漫滩分洪、支流顶托、溃坝等多种因素，利用人机对话功能，对预报成果进行适时改正，及时掌握洪水漫滩及分洪的势态，快速做出多种防洪方案比较，改进防洪调度工作，采取有效的防洪措施，把洪灾损失减至最小。该遥测系统的建立，推动了水文测报技术和防洪调度科学的发展，使花园口洪水的预见期大大提前。

3.3.6 防洪决策支持系统

决策支持系统（Decision Support Systems，DSS）的定义很多。一般认为，它是一种以现代信息技术为手段，综合运用计算机技术、管理科学、经济数字、人工智能技术等多种科学知识，针对某一类型的半结构化或非结构化决策问题，通过提供背景材料、协助明确问题、修改完善模型、列举可能方案等方式，帮助决策者快速做出最佳选择的交互式计算机应用软件。DSS 的重点是“支持”决策者决策问题，而不在于决策工作的自动化方面。

其主要功能如下。

（1）收集、整理、存储和提供系统内外与本决策问题有关的各种数据。

（2）收集、提供有关各项行动的反馈信息，存储与所研究决策问题有关的各种模型。

（3）存储、提供常用数学与运筹学的分析方法，如统计检验方法、回归分析方法、线性规划方法等，并可对数据、模型和方法进行修改与扩充。

（4）提供方便的人机对话接口、良好的图形输出及数据传输功能，能及时收集、整理、加工分散的信息，并将结果提供给所需要的决策使用者。

（5）灵活运用模型与方法对数据进行加工、汇总、分析和预测，得出所需的综合信息与预测信息，且具有一定的加工速度与响应时间。

DSS 的类型，可分为一库、二库、三库、四库和五库系统 5 种。目前应用较多的是三库系统和四库系统。三库系统包括人机对话子系统、数据库、模型库和知识库，它主要是把人工智能引入 DSS，使系统智能化，实现对生产规律、决策规律及数据、模型等方面知识的存储和管理，在判断和推理方面为决策者提供依据。四库系统是在三库系统的基础上加入方法库，实现模型和方法的分离存储，为模型的修改和生成提供方便。五库系统目前尚处于理论探索和试验研究阶段，它是在四库系统中加入文字库，对决策者以自然语言或过程式语言输入的信息进行处理，将文字信息转化为相应的过程信息，完成数据查询、模型计算和知识推理等功能。

1. 防洪决策支持系统及其功能

防洪决策支持系统是为实现防汛工作规范化、现代化，提高洪水预报时效和精度，快速、科学地进行防洪调度和决策自动化，而针对某流域或某地区专门设计开发的动态交互式计算机系统。

尽管各地所建设的防洪决策支持系统因各自防洪任务和管理要求不同而不尽相同，但基本功能则大致相同。主要有以下几个方面。

（1）运用现代化网络通信和信息处理技术，通过数据库和知识库查询检索大量有关的历史和实时水情、雨情、工情信息，经发挥专家群体的智慧分析综合后，吸取其中最有价值的内容。

（2）将专家群体智慧结晶的成果与计算机仿真和模拟技术结合起来，对水情变化的调度预案进行分析，得出较精确的汛情势态和防汛决策效果。

(3) 利用可视化或多媒体技术，特别是3S技术和信息网络技术，将野外的洪水场景同步传输到防汛指挥中心，使决策者能全面、如实、动态地把握水情、雨情变化和洪水实况，审定所提方案的适用性，并及时加以调整，得出最佳方案。

(4) 利用防洪决策支持系统所提供的信息环境，充分发挥专家经验和知识的作用，激发专家潜意识的创造性联想，以产生对防汛决策关键问题进行判断和抉择的直觉和灵感，使防洪调度运用更加科学、合理。

2. 长江防洪决策支持系统基本情况

三峡工程建成后，长江中下游将形成以堤防为基础，以三峡工程为骨干，辅以分蓄洪工程及支流水库、河道整治工程等组成较完整的防洪系统。根据长江流域综合利用规划目标，要求中游荆江河段和重要城市防洪标准不低于百年一遇洪水标准，若遇1870年型特大洪水，可防止南北两岸堤防溃决而发生毁灭性灾害。针对上述防洪战略目标，开发的人机交互式的长江防洪决策支持系统基本情况如下。

(1) 系统开发思想。系统开发主要针对长江宜昌至螺山之间的地区。河段内主要有长江、清江及洞庭湖水系的来水。洪水组合与江湖关系复杂。为了分蓄长江中游超额洪量，该河段内设有荆江分洪区、流市扩大分洪区、虎西备蓄区、人民大垸、洪湖分蓄洪区、洞庭湖的钱粮湖垸、共双茶垸和大通湖东垸等分蓄洪区。蓄洪水库除三峡水库外，主要还有丹江口、柘溪、五强溪、隔河岩等水库。防洪决策支持系统适时决策过程大致为：根据实时雨情、水情信息，及时预测未来一定时期内的水情变化，分析防洪形势；在整体防洪规划的约束下，按照优化的防洪调度方式确定三峡工程的蓄泄对策，依此分析计算长江中下游各地将发生的水情，并将上述信息输入防洪决策支持系统；决策部门根据以上信息及工情、灾情等其他信息，经过判断，提出防洪调度预案集；然后通过防洪调度模型和洪水演进模型对预案进行水情仿真，评价其效果和影响；再由专家分析、对比、判断和综合；最后由决策部门确定三峡工程的蓄泄对策及堤防工程、分蓄洪工程的运用方式，并付诸实施。

(2) 系统总体设计。长江防洪决策支持系统，从功能上可分为系统总控、信息查询、防洪调度、数据库和知识库五大功能块。系统的总体逻辑结构是：以数据库和知识库作为基本信息支撑，通过总控程序构成防洪决策支持系统的运行环境，辅以友好的人机界面和人机对话过程，有效地实现信息查询和防洪调度两大操作功能。

系统的总体框架根据防洪决策过程中各阶段的不同信息需求及防洪调度要求构成。构筑系统总体框架的关键技术包括：①各种任务的合理调度与协调运行；②系统内存的合理分配运用；③各子系统及各独立功能模块的集成技术研究开发；④快速灵活的图形开发功能等。通过对各种数据接口技术的开发，建立各库之间的有机联系，并使总控程序将各子系统和各独立功能模块集成起来，形成可实际运行的软件系统。总体框架主要表现为系统的总控菜单，它包括系统操作、实时信息、历史信息、预测信息、防洪决策、防汛文档、图形操作、浮动菜单、雨量图和帮助等子菜单。

(3) 子系统功能设计。

1) 信息查询子系统。信息查询子系统以综合数据库和知识库为信息源，采用菜单式和基于空间位置分布式查询等方式，实现防洪决策过程中对各种信息的查询和数据检索要求。查询结果以数据表、文本信息框、图形等形式表达。

2）综合数据库子系统。包括综合数据库和相应的管理系统，其目的是实现对防洪决策过程中所需各种数据的有效管理和更新，提供与子系统的数据传递接口。综合数据库由基本数据、空间数据、中间数据和结果数据四部分组成。基本数据包括有关的水文气象数据、工程数据、社会经济数据三大部分；空间数据包括行政分区、专用分区、自然分区水库和湖泊、河流、水利工程、测站等；中间数据是指防洪决策支持系统中各子系统要用到的一些参数和再生数据等；结果数据是指应用子系统使用前3类数据进行分析计算后获得的，可供决策支持系统使用的最终数据。

3）知识库子系统。主要包括：流域概况，流域暴雨洪水特性与防洪形势，防洪治理方针、总体安排、要求和目标，中下游现状防洪能力、防洪规划方案，重点地区防洪措施概况，防汛物资储备信息，防汛队伍安排情况，防洪的重要文献以及有关防汛重要法规等。

4）防洪调度子系统。主要功能是依据长江中下游雨情、水情、工情实况以及未来水情变化预测，采用优化防洪调度模型和洪水演进模型，对三峡水库的蓄泄运用及中下游各地将发生的水情进行系统仿真模拟，以帮助决策者对防洪调度预案进行分析和评价，从中选定理想方案，并付诸实施。

第4章

水利工程基础知识

水利工程是战胜洪涝灾害的主要物质基础，也是抵御洪涝灾害的重要屏障。我国水利工程种类齐全、数量众多，在历年抗洪抢险斗争中发挥了中流砥柱的作用，有力地保障了经济社会的可持续发展。

第1节　堤　防　工　程

沿河、渠、湖、海岸或行洪区、分洪区、围垦区的边缘修筑的挡水建筑物称为堤防。

4.1.1　堤防的作用

堤防是世界上最早广为采用的一种重要防洪工程。筑堤是防御洪水泛滥、保护居民和工农业生产的主要措施。河堤约束洪水后，将洪水限制在行洪道内，使同等流量的水深增加，行洪流速增大，有利于泄洪排沙；堤防还可以抵挡风浪及抗御海潮。

4.1.2　堤防的分类与分级

1. 堤防的分类

堤防按其修筑的位置不同，可分为河堤、江堤、湖堤、海堤以及水库、蓄滞洪区低洼地区的围堤等；按其功能可分为干堤、支堤、子堤、隔堤、行洪堤、防洪堤、围堤（圩垸）、防浪堤等；按建筑材料可分为土堤、石堤、土石混合堤和混凝土防洪墙等。

河（江）堤是修建在江河两侧的堤防，是典型的堤防工程。河（江）堤是江河主要的防洪工程。河（江）堤依所处位置不同又分为干堤和支堤，干堤是干流河道上的堤防，支堤是支流河道上的堤防。

湖堤是修建在湖泊周围的堤防。由于湖泊水位相对稳定，湖堤具有挡水时间较长、风浪淘刷严重的特点，需要做好防渗和防浪工作。水库沿水边修建的堤防所临水的特性与湖堤相似。

海堤是修建在海边的用以防御潮水危害的堤防，又称海塘或防潮堤。海堤具有挡水频繁、风浪冲刷严重、地基软弱的特点。

围堤包括修建在蓄、滞、行洪区周围的堤防以及在滩区或湖区修建的圩堤或生产堤。

另外，为了减小临水堤防决口的淹没范围，在某些堤防危险堤段的背水侧修建第2道堤防，称为月堤、备塘或备用堤。当临水堤防与第2道堤防之间面积较大时，也有在两者之间修建隔堤的。

土堤是我国江、河、湖、海防洪广泛采用的堤型，具有就地取材、便于施工、能适应堤基变形、便于加修改建、投资较少等特点，是堤防设计中的首选堤型。目前我国多数堤防采用均质土堤，但是它体积大、占地多，易于受水流、风浪破坏，因而一些重要海堤和城市堤防采用了砌石堤、混凝土防洪墙等型式。

2. 堤防的级别

堤防的级别通常以防护对象的要求来确定。按照《堤防工程设计规范》（GB 50286—2013）的规定，堤防级别是依据堤防的防洪标准来判断的。

当堤防工程的防护区内有多个防护对象时，其应根据防洪标准较高的防护对象确定防洪标准。

蓄滞洪区堤防工程的防洪标准及等级，根据批准的流域防洪规划或区域防洪规划进行专门确定。

堤防工程上的闸、涵、泵站等建筑物的设计防洪标准不应低于堤防工程的防洪标准。

对于由水库、滞（蓄、分）洪工程、堤防等组成防洪工程体系的江河、湖泊的防洪标准是指防洪工程体系整体发挥防洪作用而达到的防洪标准。

根据水利部发布的《水利水电工程等级划分及洪水标准》（SL 252—2017）的规定，防洪工程中堤防永久性水工建筑物的级别应根据其保护对象的防洪标准按表4.1确定。

表4.1　　堤防永久性水工建筑物级别

防洪标准/[重现期（年）]	≥100	<100，≥50	<50，≥30	<30，≥20	<20，≥10
堤防级别	1	2	3	4	5

4.1.3 堤线布置及堤型选择原则

堤线布置一般应根据防洪规划，地形、地质条件，河流或海岸线的变迁，结合现有及拟建筑物的位置、施工条件、已有工程状况及征地拆迁、文物保护、行政区划等因素，经过技术经济比较后综合分析确定。堤线布置应遵循下列原则。

（1）河堤堤线应与河势流向相适应，并与大洪水的主流线大致平行，一个河段的堤距应大致相等。

（2）堤线应力求平顺，尽量避免折线或急弯。

（3）尽量利用现有堤防和有利地形，在土质较好、比较稳定的滩岸上修筑堤防，尽量避开软弱堤基、深水地带、古河道、强透水堤基。

（4）湖堤、海堤应尽量避开强风或暴潮正面袭击，强化正面袭击堤段的强度。江河堤防的堤线布置主要是避免主流冲刷，两岸堤防之间要保持合理的堤距，不过多缩窄河道，并选择较好的地质和地形条件，以利于保持堤防的抗滑和抗渗能力，并减少工程量。对于冲淤变化剧烈的河流，更应在充分分析河道河势演变规律的基础上，合理确定堤防的防洪能力。

第 2 节　河道整治工程

4.2.1　河道整治的目的

作为河流治理综合措施之一的河道整治，必须要有明确的目的性，要做到有的放矢。应根据整治目的，综合河道具体情况，运用河势演变或河流动力学的基本规律，以研究整治的工程技术措施。

以防洪为目的的河道整治，其任务是防止河道两岸漫溢或冲决成灾，其主要措施是修建整治建筑物。以航运为目的的河道整治，其任务是使河道达到规定的航道尺度，具有合适的流速和良好的流态。其主要措施是采取爆破、疏浚和修建整治建筑物等。

以某一目的为主采取工程措施整治河道时，对其他国民经济部门的要求而言，有时是一致的，有时是矛盾的。例如，以防洪为主的河道整治，往往要求保护河岸，控制河势。这些工程措施，不仅对防洪有利，而且对稳定航道、保护耕地也有利，这是一致的。又如，以航运为主的河道整治，如果过多地修建枯水整治建筑物，则可能引起洪水位的抬高，有造成洪水泛滥的危险，因而是有矛盾的。因此，在进行河道整治时，应从各方面去考虑，尽可能妥善地解决存在的矛盾，而兼顾几方面的利益。当今经济社会的发展，要求综合利用河道水资源。河道整治必须从全河段着眼，上、中、下游统筹，左、右岸兼顾，远、近期结合，进行综合治理，务使除害与兴利相结合，以达到综合利用的目的。

河道是水流和河床相互作用的产物。河道整治的基本方法，可归结为水流调整和河床调整两个方面。水流调整是通过修建整治建筑物等方式，借调整好的水流调整河床；河床调整是通过爆破、疏浚等方式，借调整好的河床调整水流。这两个基本方法，有时是单独使用，有时要结合使用。前者是基本的、主要的。

4.2.2　河道整治原则及方案

4.2.2.1　河道整治原则

河道整治的内容非常广泛，不同的整治目的对河流有不同的整治要求。为满足防洪的需要，要求河道相对稳定，保证堤防安全。从航运角度看，主要是要求水流平顺，没有险恶流态，深槽（航线）稳定，保证枯水期通航水深和流速。而引水工程和桥渡建筑物，虽然都要求河道稳定，但前者注重引水口附近不能有严重的淤积或冲刷，引水保证率要高；而后者主要考虑避免形成严重的折冲水流冲刷河床，危及桥墩安全。整治的目的不同，相应采取的整治方法和措施也是有很大不同的。

河流治理涉及面广、影响时间长，必须有正确的指导思想和整治原则，制定出经济合理、切实有效的河道整治规划。河道整治基本原则可归纳为 16 个字，即全面规划、综合治理、因势利导、因地制宜。

制定整治规划时必须对治理河段通盘考虑，从政治、经济、文化、技术各方面权衡利弊，对整治工程措施要有全面、合理的规划。同时，河段治理还必须遵循流域水资源综合开发利用的总体规划。根据本河段特点和当前任务，确定整治重点，分轻、重、缓、急，尽可能地兼顾各方面要求，达到综合治理的目的。

河道整治是一个系统工程，在确定整治方案时必须采用系统分析的方法。第一，要了解整治河段的河性及河势演变基本规律，提出适宜的整治工程措施。第二，要对整治后可能出现的河势演变趋势（即河流反应）予以充分的认识和估计。对河道系统任何形式的整治或调节，都会使河流做出相应的反应，特别是在易冲积河床或未防护的河岸。因此，河道整治不仅要考虑当时的整治效果，而且要注意本河段河势可能的变化趋势，注意和上、下游的衔接，这样才能对河势的控制达到长远的稳定与协调一致，使河流系统保持良性循环状态。第三，河流是不断发展变化的，所以整治应尽量保持发展河道形势有利的一面，设法限制或消除其不利的一面。只有根据河道演变的发展趋势，掌握有利时机及时整治，因势利导，才能收到事半功倍的治理效果。第四，河道整治不可能同时全面开展，应当有步骤、分阶段地进行。要解决在河道演变中占支配地位的主要矛盾，对重点河段（部位）先行整治。逐步形成一个整体，最终达到控制总体河势的目的。

我国地域辽阔，地形复杂，不同地区的河流形态、特性差异很大，就是同一条河流的不同河段也往往有很大差别。因此，无论是整治措施还是整治建筑物的布置和结构型式，都应根据当地情况相宜选择，不能生搬硬套。例如，长江多采用平顺型护岸工程，而黄河则多采用丁坝、垛工程，而且不同河段（如河南、山东河段）的丁坝结构形式、尺寸也不尽相同。工程建筑应尽量采用新型、高效材料或当地容易取得的材料，以节约工程投资（图 4.1）。

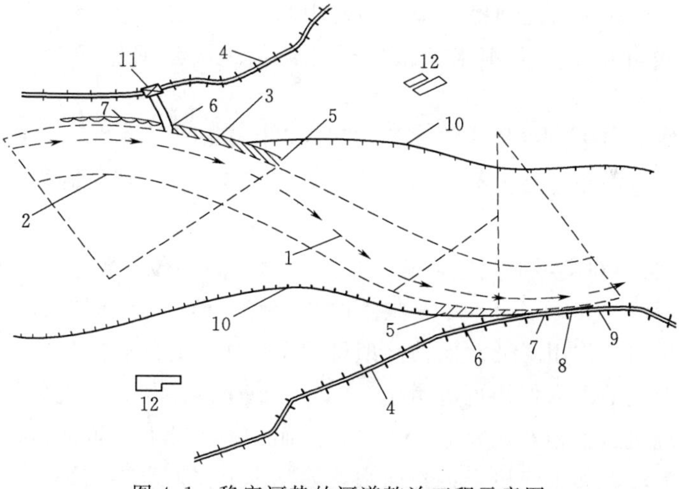

图 4.1 稳定河势的河道整治工程示意图

1—主流线；2—治导线；3—控导工程；4—堤防；5—丁坝；6—连坝；7—垛；8—险工；9—护岸；10—滩沿；11—引水闸；12—村庄

4.2.2.2 河道整治方案

河道整治要满足有关部门对河道治理规划的基本要求。根据整治规划，确定有关设计参数和采用的工程措施，其中包括治导线的拟定、总体工程布置、建筑物结构形式及治理程序。整治工程的布置和设计应达到均衡意义上的河线（河宽）稳定并具经济合理性，据此编制规划设计报告和整治工程的投资概预算报告。近代河工提出了极具挑战性的任务，就是在进行河道整治规划时要预估河流反应，并根据可能出现的河流反应修改完善河道整治的设计方案。在规划设计中，还要进行有关环境影响的评价。

由于治理指导思想、侧重点和整治措施的不同，要对不同的方案进行分析比较，论证评价每一方案的工程效益、经济效益和社会效益。通常可以借助河工模型试验结果与专家系统进行论证，从中选择最优整治方案。

4.2.2.3　河道整治规划设计的主要参数

河道整治规划的技术参数主要包括设计流量、整治河宽、河弯要素及治导线。

1. 设计流量的确定

设计流量是针对洪、中、枯水河槽的治理，在河道整治规划中各有其相应的特征流量。

（1）洪水河槽的设计流量。治理洪水河槽，首先须确定设计洪水流量。通常根据某一频率的洪峰流量来确定，相应流量下的水位就是设计洪水位。所选频率的大小视工程的重要性而定，特别重要的河段取 1%～2%，一般河段取 2%～5%。

（2）枯水河槽的设计流量。枯水河槽的治理是为了解决航运或水环境问题，确定航运水深或最小安全流量。确定这一水位的方法有两种：一是根据长系列日平均水位的某一水位保证率来确定，一般为 90%～95%；二是采用多年平均枯水位或历年最枯水位作为枯水河槽的设计水位，根据设计枯水位，确定相应的设计枯水流量。

（3）中水河槽的设计流量。中水河槽主要是在造床流量作用下形成的，故中水河槽的治理即为相应于造床流量时的河槽治理。因而中水河槽的设计流量一般也就是造床流量，相应的水位就是设计中水位。中水河槽的设计流量是决定河床演变、河势变化的重要流量。

造床流量是塑造河床形态的特征流量。其造床作用相当于多年流量过程的综合造床作用，或者说是反映造床作用最持久、影响最强的某一级特征流量。确定造床流量的方法有以下几个。

1）平滩水位法。在实际应用中，常以平边滩水位，水位平河漫滩时的流量作为造床流量，如图 4.2 所示。其原因是，尽管洪水的造床作用大，但时间短；而且当水流出槽漫滩后，水势分散，造床作用降低。低枯水期虽然造床作用时间长，但流量过小；只影响枯水河槽，对整个河道的造床作用也不明显。仅当达到平滩水位时，流量较大且水流限制在河槽内运动，出现机遇也相对比漫滩洪水多，因而这种水流对河道的造床作用最大。实用时应考察一较长河段，如果河段内各断面水位均基本上与河漫滩齐平时，便把平滩水位相应的流量（平滩流量）作为造床流量，即 $Q_{平}=Q_{造}$。

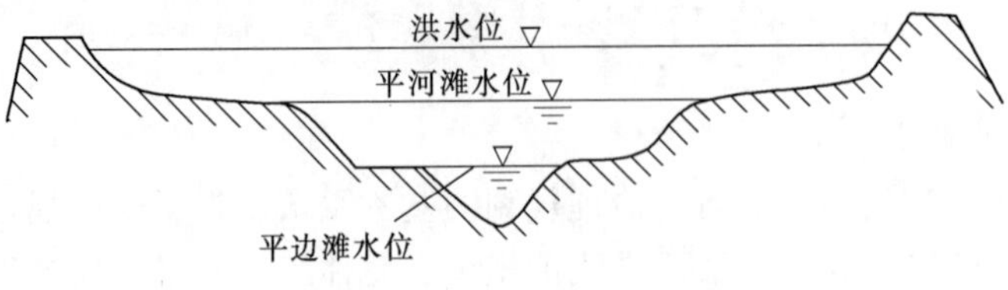

图 4.2　平滩水位

2）马卡维也夫法。俄罗斯的马卡维也夫（H. L. Makasees）提出，在多年水文系列中统计实测流量，找出能产生最大泥沙输移和最大造床作用的流量，这就是造床流量。他认为，河道总输沙率与流量和比降的关系为

$$G_S \propto Q^m J \tag{4.1}$$

式中：m 为指数；Q 为时段平均流量；J 为相应流量对应的河道平均比降。

因此，他提出造床流量应相当于 $Q^m JP$ 的最大乘积值，其中 P 为某一流量对应出现的频率。通常可用点绘 $Q-Q^m JP$ 关系图来确定 $Q_{造}$。图 4.3 中曲线第一峰值对应的流量即为造床流量，又称为第一造床流量。一般此 $Q_{造}$ 基本相当于 $Q_{平}$，即水位平河漫滩时的流量，因而可以说是 Q 控制着中水河槽的形态。曲线第二峰值对应的流量又称为第二造床流量，相应水位平边滩时的流量，它对于塑造枯水河床有一定控制第一造床作用。

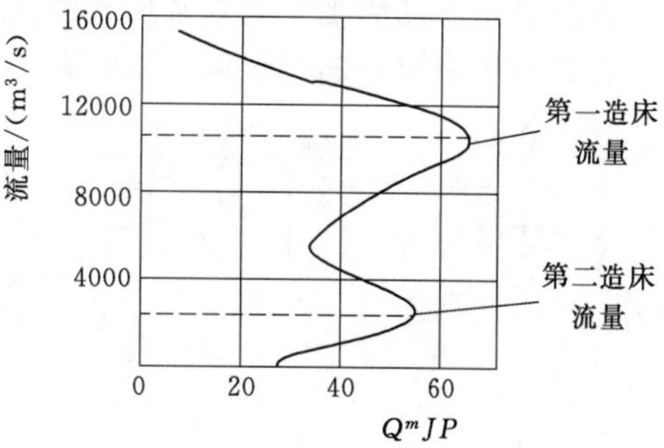

图 4.3　造床流量

2. 整治河宽的确定

整治河宽表示河道整治后，造床流量下相应直河段的河槽水面宽度。它有别于实际河宽，这一“流量”是因为主槽宽度受多种因素控制，断面形态时常变化，平滩流量沿程差别较大，其相应河宽也有不同程度的变化。鉴于整治河宽是确定治导线及布设整治工程的依据，通常也称为治导线宽度，确定的方法一般采用实测资料分析和理论公式计算。

目前确定整治河宽有两种方法：一种是计算法，采用河相关系计算，各公式都是在特定流域条件下的产物，当所研究流域的自然条件与上述特定流域条件接近时，这些公式有一定的使用价值，如两者相差较远，应用公式时，其系数与指数可根据实际资料而定；另一种是实测资料统计分析方法，即选择有代表性的河段，利用本河段或相关河段的历年河道观测资料统计分析该河段，统计造床流量下的主槽宽度作为设计河宽，是确定整治河宽的常用方法之一。

计算法是采用河相关系计算，联解以下 3 个公式。

曼宁流速公式，即

$$V=\frac{1}{n}H^{\frac{2}{3}}J^{\frac{1}{2}} \tag{4.2}$$

水流连续公式，即

$$Q=BhV \tag{4.3}$$

断面河相关系，即

$$\frac{\sqrt{B}}{h}=k \tag{4.4}$$

得

$$B=k^2\left(\frac{Qn}{k^2 J^{0.5}}\right)^{6/11} \tag{4.5}$$

式中：B 为河宽，m；k 为河相关系，取多年平均值；Q 为设计整治流量，m^3/s；n 为主槽糙率；J 为设计流量下水面比降；h 为水深。

3. 河湾要素

天然河湾在其平面发展过程中，通过水流河床间的长期调整，某种形态的河湾具有相对较强的稳定性。与河湾对应的平面形态特征称为平面河相关系，这种河湾通常也被称为稳定河湾。由于在河道整治中常以其作为整治的楷模，故又称为模范河湾。

在自然界中出现的稳定河湾，其平面形态是接近于正弦曲线的平滑曲线。作为粗略近似，可以用一系列方向相反的圆弧和直线段来拟合这一曲线。这样河湾平面形态就可以用弯曲半径 R、中心角 φ、河湾弯距 L_m、弯幅 T_m 以及过渡段长度 L 等主溜线几个基本特征值来表示，如图4.4所示。

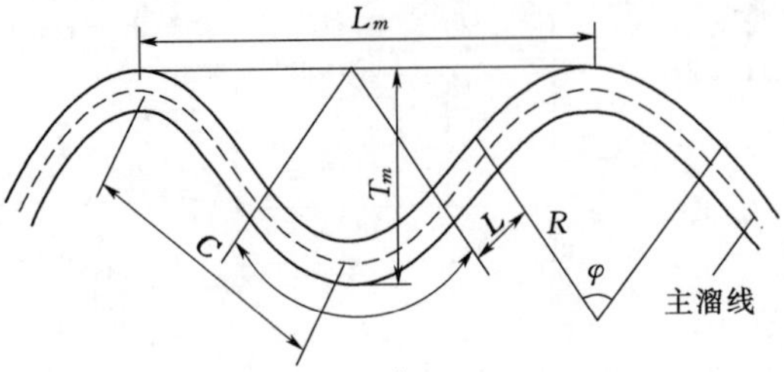

图4.4　稳定河湾平面图

稳定河湾是河流为适应其来水来沙与河道边界条件而进行自动调整的产物，因此，在河湾平面形态特征与来水来沙和边界条件之间必然存在密切关系。不少研究者建立了河湾平面形态与河道特征尺度间的关系，一般形式为

$$R=K_R B \tag{4.6}$$

$$L_m=K_L B \tag{4.7}$$

$$T_m=K_T B \tag{4.8}$$

$$L=KB \tag{4.9}$$

式中：B 为直线过渡段河宽；K_R、K_L、K_T、K 为各特征系数。

根据实验室及野外的资料分析，这些系数并不是常数，而是有一个变动范围。对大多数稳定河湾而言：$K_R=3\sim5$，$K_L=12\sim14$，$K_T=4\sim5$。对于直线过渡段：$K=1\sim5$。其中，当河床边界比较抗冲、水流较平缓时，可取较大值；当边界易冲蚀、水流较湍急时，可取较小值。

以上所介绍的河相关系式都是根据实测资料分析而得的经验关系式，实际应用时应根据具体情况适当选择并进行校验。

4. 治导线

治导线又名整治线。它是河道经过整治以后，在设计流量下的平面轮廓线，也是整治工程体系临河面的边界连线。因此，确定整治线是整治工程规划的重要内容，同时也是整治建筑物布置的重要依据。治导线的位置应根据整治的目的、要求，在把握、认识河段特性的基础上按照因势利导的原则确定，并尽量利用已有整治工程和天然节点。规划整治河段的治导线时，应力求整治工程上、下游呼应，左、右岸兼顾，洪、中、枯水统筹考虑。整治河段的治导线应与上、下游具有控制作用的河段岸线相衔接，且互为依托。

治导线的设计应基本满足平面河相关系，即稳定河湾的基本要求。按设计流量的大小，治导线相应分为洪水治导线、中水治导线及枯水治导线。其中，中水治导线在河道整治中占据着特别重要的地位。因为中水治导线是与造床流量相应的中水河槽治理的治导线，这种情况下河床的冲刷侵蚀或淤积变动的长期作用最为强烈。如能控制住这个时期的水流，则一般也能控制整个河势发展，达到稳定河道的整治目的。

治导线的形式应根据河势演变分析得出的结论来确定。一般是没有过急或过缓河湾且存在拐点的圆滑曲线，如图 4.5 所示。设计时要注意：若河湾半径过小，湾陡流急，则不易控制河势；而河湾过缓，曲率半径过大，则迎流导流作用小、工程修建也较长。两个反向河湾间的直线过渡段的长度也要适宜。直线段太短，则上、下两深槽交错，深泓线弯曲剧烈，浅滩上水流分散；直线段太长，一方面易加大河道淤积；另一方面会造成过渡段河势流路不稳，总体河势得不到控制。因此河道整治规划决不能试图在长河段把弯曲河流改造成完全顺直。理想的河道平面形态一般应当是经整治后，在设计 1/2 流量下能较好地满足有关部门的要求，具有一定曲率半径且稳定的平面弯曲河道。对于每一个河湾，治导线的曲率半径应该是逐渐变化的。从上过渡段起，曲率半径为无穷大，由此往下曲率半径逐渐减小，至湾顶处最小；而后则反向变化，如图 4.5 所示。这样的治导线经实践证明比较符合自然状态下平原河流的河性。这样的弯道迎流、送流条件好，河势能得到较好地控制。

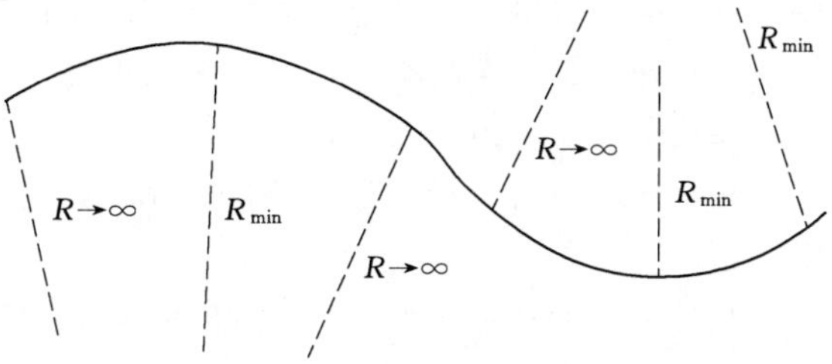

图 4.5　治导线曲率半径

治导线的主要特性参数（如整治河宽 B、曲率半径 R、过渡段长度 L、河湾弯距 L_m、弯幅 T_m、中心角 φ）均可按平面河相关系（即模范河湾）所确定的经验关系式或通过整治河段的河床演变分析及河工模型试验结果求得。实际河湾的治导线多以复合圆弧曲线的形式表示，以求顺应上、下游河势。

4.2.3 河道整治建筑物

以河道整治为目的所修的建筑物，通称为河道整治建筑物，简称整治建筑物或河工建筑物。

4.2.3.1 整治建筑物的类型和作用

按照建筑材料和使用年限，可分为轻型的（或临时性的）和重型的（或永久性的）整治建筑物。凡用竹、木、苇、梢等轻型材料所修建的，抗冲和抗朽能力差，使用年限短的建筑物，称为轻型的（或临时性的）整治建筑物；而用土料、石料、金属、混凝土等重型材料所修建的，抗冲和防朽能力强，使用年限长的建筑物，则称为重型的（或永久性的）整治建筑物。这种区分并无严格标准，近年来用土工织物做成的软体排等新型整治建筑物就介于两者之间。一般是通过综合考虑以下条件：对整治工程的要求，必须使用的最低年限，修建地点的水流、泥沙及环境状况，材料来源，施工季节和施工条件等，来决定选用轻型、重型或其他建筑物类型。

按照与水位的关系，可分为淹没和非淹没的整治建筑物。在一定水位下可能遭受淹没的建筑物称为淹没整治建筑物；在各种水位下都不会被淹没的建筑物则称为非淹没整治建筑物。淹没或非淹没的选择，应根据水流条件、整治工程的作用综合考虑选择。

按照建筑物的作用及其与水流的关系，可以分为护坡与护底建筑物、环流建筑物、透水与不透水建筑物。护坡与护底建筑物是用抗冲材料直接在堤岸、库岸的坡面、坡脚和整治建筑物基础上做成连续的覆盖保护层，以抗御水流的冲刷。环流建筑物是用人工的方式激起环流，用以调整水、沙运动方向，达到整治目的的一种建筑物。本身透水的整治建筑物称为透水建筑物，本身不允许水流通过的称为不透水建筑物。两种建筑物都能对水流起挑流、导流等作用，但不透水建筑物的挑流、导流作用要强一些；透水建筑物除挑流、导流作用外，还有缓流落淤等作用。选用哪种建筑物形式，主要由整治目的和建材的来源等确定。

按照建筑物的外形（作用），也可将整治建筑物分成坝、垛（矶头）类和护岸等形式。它们的结构大致相同，只是由于它们的形状各异，故所起的作用各不相同。一般作为枯水整治建筑物的常用坝类有丁坝、顺坝、锁坝、潜坝，作为中水整治建筑物的常用坝类则多为丁坝、垛（矶头）、顺坝等，而护岸类工程在中水、洪水河槽整治中都适用。

4.2.3.2　丁坝类整治建筑物

1. 丁坝的类别与特点

丁坝是一端与河岸或土堤相连，另一端伸向河槽的坝型建筑物，在平面上与河岸连接成丁字形。丁坝能起到挑流、导流的作用，故又名挑水坝。根据丁坝的长短和对水流的作用，可分为长丁坝、短丁坝、透水丁坝、不透水丁坝、淹没与非淹没丁坝。凡坝身较长，不仅能护岸、护坡，并能束窄河槽，将主流挑向对岸的称为长丁坝；凡坝身较短，只能局部将水流挑离岸边，迎托水流外移，也起护岸、护坡作用的称为短丁坝；而其中比较短粗，导流作用较弱而护岸作用较强的短丁坝又称为操（北方称谓）或矶头（南方称谓）。

丁坝大多采用不透水材料修建的实体丁坝（不透水丁坝），主要便于起挑流和导流作用。但也有用透水材料修筑的透水丁坝，其特点是还可以缓流落淤，如透水柳坝、钢管桩网坝、混凝土透水桩坝等。淹没与非淹没丁坝对水流的作用和坝前冲淤规律有很大不同。丁坝是否淹没，主要是根据其作用而定。一般坝身与堤相接的近堤丁坝，都是非淹没式的；坝身与河漫滩相连的丁坝，一般坝顶高程与滩唇齐平，通常为淹没式丁坝。整治枯水航道的丁坝，也多修筑成淹没式的。

2. 丁坝的平面形式

根据丁坝坝轴线与水流方向交角 θ 的大小，丁坝平面形式可分为以下几种：交角 θ 大于 90°的丁坝叫做上挑丁坝；交角 θ 小于 90°的丁坝叫做下挑丁坝；而交角 θ 为 90°的丁坝叫做正挑丁坝，如图 4.6 所示。各种类型的丁坝挑流都会引起坝前冲刷。一般下挑丁坝坝头的水流比较平顺，坝前冲刷较弱；上挑丁坝坝头迎流角度大，流态紊乱，坝前冲刷较强。需要注意的是，淹没式丁坝的坝间冲淤状况与丁坝挑角有很大关系，如图 4.7 所示。对于淹没的上挑丁坝，水流在漫越丁坝后，会在坝身后面产生水平轴的螺旋流，其方向沿坝身指向河岸，因而能将泥沙带到岸边使坝后淤积；对于淹没的下挑丁坝，水流在漫越丁坝后，坝身后面也会产生水平轴的螺旋流，其方向则是沿坝身指向河心，因而会将泥沙带到河心，使坝后产生冲刷。一般非淹没式丁坝均采用下挑式，而河口区水流有双向运动，则宜采用正挑式丁坝。

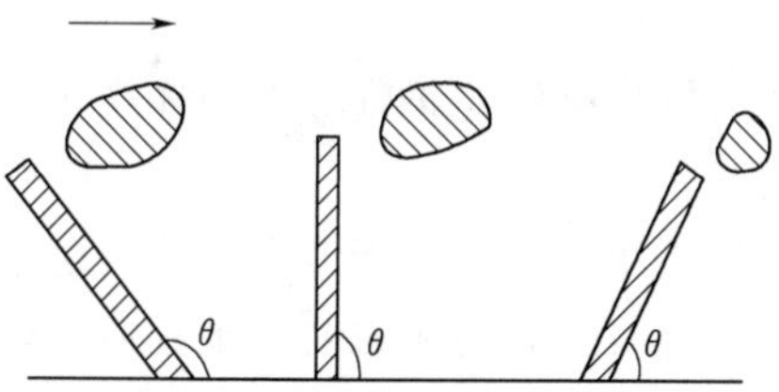

(a) 上挑丁坝 (b) 正挑丁坝 (c) 下挑丁坝

图 4.6 丁坝的平面

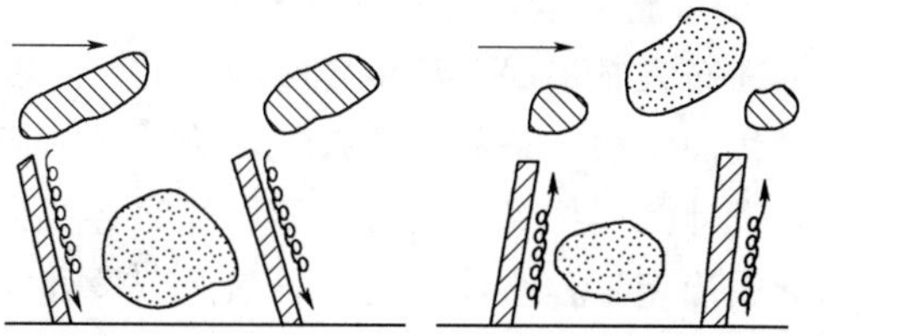
(a) 上挑丁坝 (b) 下挑丁坝

图 4.7 淹没丁坝水流特点

传统的丁坝由坝体、护坡及护根 3 部分组成。坝体是坝的主体，一般用土筑成。护坡是防止坝体遭受水流淘刷而在外围用抗冲材料加以裹护的部分。护根是为了防止河床冲刷、维护坝坡稳定而在护坡以下修筑的基础工程，也称根石，一般用抗冲性强、适应基础变形的材料来修筑。

修建坝、垛之后，改变了局部水流条件，在坝、垛的迎水面一侧形成塞水，使坝、垛附近产生折向河床的强烈的下冲水流，破坏了原有的河床稳定。坝头附近在水流淘刷及环流的作用下，会形成椭圆形的漏斗状冲刷坑。丁坝根若在冲刷坑中不能得到及时填充，将导致建筑物破坏。所以，在设计坝、垛等建筑物时，必须正确地估计冲刷坑的稳定深度及宽度。此外，传统坝、垛的根基并非施工阶段即能形成，而是随着水流不断淘刷而逐步加固的。因此，估计冲刷坑可能达到的深度和范围，对于评价坝垛的稳固程度、确定坝头的防护措施是十分必要的。

实测资料表明，影响丁坝坝前冲刷坑的主要因素有流量、坝长、来流方向与坝轴线的夹角、坝头边坡以及河床组成等。一般地说，流量大，冲刷严重；坝越长，挑流越重，冲刷越强；来流方向与坝轴线的夹角大（指来流方向陡，形成斜河冲击之势），则壅水高度大，冲刷亦强烈；坝头边坡影响折向河底的下冲水流，显然边坡越陡，向下的冲刷力越大。虽然国内外学者对丁坝冲刷深度作了不少的研究，但目前还没有比较可靠的确定冲刷深度的计算公式。

（1）马卡维也夫公式。

$$h = h_0 + \Delta h = h_0 + 27K_1K_2\tan\frac{\partial v^2}{2g} - 30d \tag{4.10}$$

$$K_1 = e^{-5.1\sqrt{\frac{v^2}{gb}}}$$

$$K_2 = e^{-0.2m}$$

式中：Δh 为冲刷坑深度，m；h 为行近水深；∂ 为水流轴线与丁坝轴线的交角，(°)；v 为丁坝的行进流速，m/s；g 为重力加速度，m/s^2；d 为床沙粒径，m；K_1 为与丁坝在水流法线上投影长度 b 有关的系数；K_2 为与丁坝边坡系数 m 有关的系数。对于细沙河床，式（4.10）的第三项 $30d$ 可忽略不计。

（2）波达波耶夫（苏联）丁坝冲刷深度计算公式。当床沙较细时，丁坝冲刷水深为

$$h = h_0 + \frac{2.8v^2}{\sqrt{1+m^2}}\sin^2\alpha \tag{4.11}$$

丁坝冲刷深度的确定，还可借鉴已建丁坝的冲刷坑实测资料。

3. 丁坝整治建筑物的平面布置

平面布置是根据工程位置线确定的。工程位置线是指整治建筑物头部的连线。这是依据治导线确定的一条复合圆弧线，呈一凹入形布置形式。

在设计工程位置时，首先要研究河势变化，分析靠流部位和可能上提下挫的范围，结合治导线确定工程布设的范围，然后分段确定工程位置线。为防止水流抄工程后路，工程位置线上段的曲率半径宜尽量大些，为此要脱离治导线，必要时可以采用直线，以利于引流入湾；中段的曲率半径应当小些，以利在较短的曲线段内调整水流，平顺地送至工程的下段；下段的曲率半径应比中段略大，比上段略小，以利于送流出湾。

在工程位置线上布设的整治建筑物主要有坝、垛和护岸。坝、垛的间距及护岸长度，是河道整治建筑物布设中的一个重要问题。

坝的间距与坝的数量之间有密切联系。合理的间距须满足下面两个条件：①绕过上一丁坝的水流扩散后，其边界大致达到下一个丁坝的有效长度末端，以保证充分发挥坝的作用；②下一个丁坝的壅水刚好达到上一个丁坝，保证坝间不发生冲刷。

根据上一个条件，从图 4.8 所示的几何关系可以得出坝的间距 L_B 为

$$L_B = L_1\cos\alpha_1 + L_1\cos\alpha_2\cot(\beta+\alpha_2-\alpha_1) \tag{4.12}$$

式中：L_B 为坝的间距，m；L_1 为坝的有效长度，m；α_1 为坝的方位角，(°)；α_2 为水流方向与坝轴线的夹角，(°)；β 为水流扩散角，(°)。

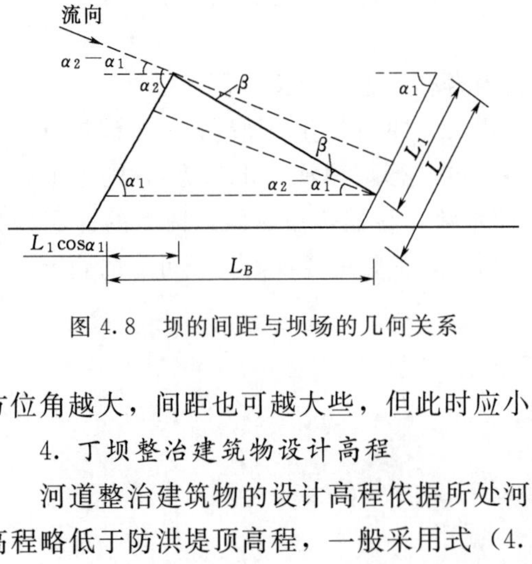

图 4.8　坝的间距与坝场的几何关系

坝的有效长度一般为坝长 L 的 2/3，即

$$L_1 = \frac{2}{3}L \tag{4.13}$$

从式（4.12）可以看出，影响坝间距的因素为坝长、坝的方位角和来流方向。当坝的方位角和坝长不变时，来流方向角度越陡，则间距应越小些；当坝的方位角和来流方向角度不变时，则坝越长，间距也相应越大；若坝的长度和来流方向不变时，则坝的方位角越大，间距也可越大些，但此时应小于 90°。

4. 丁坝整治建筑物设计高程

河道整治建筑物的设计高程依据所处河段及作用确定。若依附堤防，则整治建筑物的高程略低于防洪堤顶高程，一般采用式（4.14）计算，即

$$Z = H_{洪} + a + C \tag{4.14}$$

式中：Z 为整治建筑物设计高程；$H_{洪}$ 为设计防洪水位；a 为波浪壅高；C 为安全超高。

若以控制中水河槽，依附滩地，则整治建筑物高程一般略高于滩坎或与滩地平，常采用式（4.15）计算，即

$$Z = H_{中} + \Delta h + a + C \tag{4.15}$$

式中：$H_{中}$ 为设计中水流量时相应的水位；Δh 为弯道壅水高；其他符号含义同前。

波浪的壅高可采用下列公式计算，即

$$a = 3.2Kh_b\tan\theta \tag{4.16}$$

$$h_b = 0.0208 v_0^{5/4} L_b^{1/3} \tag{4.17}$$

式中：K 为坡面糙率系数，对于光滑土壤 $K=1$，干砌块石 $K=0.8$，抛石 $K=0.75$；θ 为边坡与水平面的夹角；h_b 为浪高；v_0 为最大风速，m/s；L_b 为吹程，km。

湾道壅水高的计算公式为

$$\Delta h = \frac{Bv^3}{gR} \tag{4.18}$$

式中：B 为河湾的湾道宽度；v 为设计流量时流速；g 为重力加速度；R 为河湾的曲率半径。

4.2.3.3　顺坝

顺坝是一种大致与河道平行的河工建筑物，其作用是调整河宽、保护堤岸、引导水流趋于平顺。在顺坝与河岸之间常修一道或数道与顺坝垂直的横格堤。顺坝其上游端与河岸连接，也可以不连接。顺坝可分为透水的和不透水的，不透水坝一般为土坝，在临水面用石料护砌，也可以全用石料修筑。透水坝允许一部分水流向坝后，便于淤积固滩。透水坝可由桩坝或混凝土格栅坝组成。坝顶高程和丁坝一样，视其作用而异。如系整治枯水河床，则坝顶略高于枯水位；如系整治中水河床，则坝顶与河漫滩平；如系整治洪水河床，则坝顶略高于洪水位。顺坝的作用主要是导流和束窄河床，有时也用于控导工程的联坝中。

4.2.3.4　锁坝与潜坝

锁坝是一种横直河中而在中水位和洪水位时允许顶部溢流的坝，其主要作用是调整河床、堵塞支汊。修筑在堤河、串沟中的锁坝，可加速堤河、串沟的淤积。由于锁坝是一种淹没整治建筑物，因此应对坝顶用石料铺筑或植草的办法加以保护。

坝顶高程在枯水位以下的丁坝、锁坝均称潜坝。潜锁坝常建在冲刷严重、流态险恶的深潭处，用以增加河底糙率、缓流落淤、调整河床、平顺水流。潜丁坝可以保护河底、保护顺坝的外坡底脚及丁坝的坝头等免受冲刷破坏。在河道的凹岸，因河床较低，有时在丁坝、顺坝的下面做出一段潜丁坝，以调整水深及深泓线。

以上各种坝型有的单独使用，有的联合使用。

4.2.3.5　护岸工程

护岸工程是平原河道防止堤防、河滩、岸坡淘刷和崩坍，控制河势的主要工程措施。一般护岸工程是平顺式的护（堤）脚、护（堤）坡形式，也有配合短丁坝与矶头形成整体防护工程的形式。

护坡一般采用抛石、干砌石、浆砌石、混凝土板、砖、草皮等。在枯水位至洪水位之间的护坡工程，护坡能抗御水流的冲刷和渗水的侵蚀，一般初期做成抛石护坡，而后待基础逐渐稳定后才做成干砌石护坡。块石下面还要做反滤垫层，以便于排渗水。浆砌块石护坡的整体性能好，但柔韧性及排渗性能差。

对于块石护坡，一定要有根，即护脚。而护脚的形式又可以分为垂直防护和斜坡防护。一般垂直防护多采用浆砌块石或干砌条石，其深度应超过河床可冲刷深度以下。斜坡防护一般采用抛石、石笼或沉排等材料，随着冲刷深度的变化而下沉，用于护脚的沉排除传统柳（柴）石排外，近年来也有用土工织物做成软体沉排铺底。水平防护长度也应超过河床的可能冲刷深度。

4.2.4　河口治理

4.2.4.1　潮汐河口的分类及其演变规律

入海江河口由于水文、地质、地貌条件的不同，河床演变的规律也不同。多年来，不少人为了研究的方便，从不同角度将河口进行分类。例如，从地貌形态出发，将河口分为三角洲河口和喇叭河口；从潮流的强弱出发，分为强潮河口与弱潮河口；根据河口泥沙的淤积特点，分为拦门坎河口及沙坎河口。南京水利科学研究院从我国具体情况出发，根据影响河床演变的主要因素，将河口分为四种类型。现将这四类河口的特性及演变规律介绍于下，仅供参考。

1. 强潮海相河口

“强潮”表达了来水条件，“海相”表达了来沙条件，即这类河口的潮流强，泥沙主要来自口外海滨。我国钱塘江就是这类河口的典型代表。这类河口的特点之一是潮差大，河床容积大，因之潮流强。例如，钱塘江河口澉浦站平均潮差达 5.35m，而且河床容积相当大，因此成了举世闻名的强潮河口。第二个特点是潮流挟带的陆相泥沙量甚小，泥沙主要来自口外海滨。由于潮流强，水流的紊动掺混作用也强，所以含盐度垂线分布较均匀，它对流速分布及泥沙动态无明显影响。这类强潮河口潮流上溯过程的递减率较大，河宽与过水断面也随之迅速减小，因此河床放宽率较大，平面呈喇叭形。由于潮波的剧烈变形，河口下段的涨潮流速除在较大洪水期外，都大于落潮流速，在海相泥沙有充分补给的情况下，使得口外海滨泥沙大量上溯，在过渡段及其上游沉积下来，河床隆起，水深很浅，形成庞大的淤积体——沙坎。例如，钱塘江在闻家堰至乍浦间，沙坎长 130km，顶部高出上下游平均河底高程连线 10m。但在口外海滨，由于涨落潮流速很大，一般无拦门沙出现。

这类河口枯水季节在强潮作用下，潮流段河床受到冲刷，而泥沙在过渡段以上淤积。在一般洪水作用下，过渡段以上淤积的泥沙又遭到冲刷并向下游搬运，堆积于潮流段内。在特大洪水时，潮流段河床也可能遭到冲刷。因此，过渡段与河流段都呈明显的洪冲枯淤规律，而潮流段则为洪淤枯冲，但其幅度较上游小。

属于这种类型河口的潮流段，河身一般都很宽浅，河床组成大多为细粉砂。在大潮期内，涨潮流作用强，河床主槽随之向涨潮流顶冲方向摆动；在径流较强季节，落潮流量加强，主槽又向落潮流方向摆动，致使主流线产生频繁的大幅度摆动，平面位置很不稳定。

2. 弱潮陆相河口

这类河口的特点是潮流弱，径流相对较强。潮差较小，潮流速也较小，成淡水，一般为弱混合型。河床向下游均匀展宽，放宽率不大，潮波不会产生剧烈变形，落潮流流速常大于涨潮流流速。在流域来沙充沛的情况下，往往在口门附近或口门外形成拦门沙，河床逐渐抬高，河身不断延长，甚至形成所谓地上河，一旦遇到较大洪水，就要发生改道，流向比较低洼的地方。改道之后，上述过程又周而复始，结果塑造出汊流众多，迅速向外延伸的三角洲平原。我国黄河河口就是这类的典型代表，其潮差仅 1m，上游径流平均流量为 $1390m^3/s$，感潮河段仅长 20km 多。河口平均含沙量为 $24.3kg/m^3$，多年平均年输沙量为11.67亿t。三角洲岸线平均外延速率为0.15～0.42kg/a。

3. 湖源海相河口

这类河口的特点是径流经过湖泊调节后变幅较小，而泥沙主要来自口外海滨，如我国的射阳河、黄浦江、新洋港等河的河口均属这种类型。这种河口除近海一段较顺直外，一般都比较弯曲，河道断面沿程变化很小。进潮量不大，涨潮流主要是淡水的回溯，成水界变动范围小，过渡段不太明显。潮波沿程衰减和变形都很缓慢，各河段不像其他类型河口有显著的区别。河床的冲淤主要取决于涨落潮流速的对比，一般洪水期上游湖泊水位较高，此时落潮流速一般大于涨潮流速，造成河床冲刷；枯季则相反，涨潮流速大于落潮流速，随潮带来的泥沙也多，河床偏淤。故河床一般呈洪冲枯淤规律。

这类河口在沿岸飘沙或入汇的干流输沙量较大时，在与河口落潮水流成一定角度交汇后，由于流速减缓而泥沙落淤形成拦门沙。

4. 陆海双相河口

径流和潮流力量相当，相互消长，海相来沙和陆相来沙都较丰富，上游来水来沙和海域来水来沙对河床演变都起显著的作用。由于地质条件和地貌形态的不同，这种类型的河口又可分为两种不同情况。

(1) 冲积平原上的陆海双相河口。这类河口如长江、辽河、海河、珠江（特别是以磨刀门和洪奇沥为代表的西江、北江河口），它们河床容积极大，虽然口外平均潮差不大，但仍有较大的潮流量。随着径流和潮流两种势力的不同组合，以及成淡水混合的不同过程，各河段河床演变具有不同的特点。

潮流段河床宽阔，支汊众多。在陆相来沙不太多的情况下，主汊和支汊的口门都能维持相对的稳定，主汊口门具有洪淤枯冲，支汊口门具有洪冲枯淤的演变特点。此外，潮流段含盐度较高，即使在洪水期间，仍受成潮作用，随着径流与潮流的相互消长，滞流点的位置发生周期性变化。与此相应，潮流段内的河床也发生周期性的冲淤，并在每个口门附近形成拦门沙。

过渡段的河床演变主要决定于径流和潮流两种力量的对比。在枯水季节以潮流为主，涨潮流带进的沙量大于落潮流带出的沙量，因此，此段内深槽和滩地普遍发生淤积。随着径流量的增加，落潮流速逐渐增大，当径流量超过某一数值后，落潮流速大于涨潮流速，此时河床发生冲刷，特别是在洪水季节，滩地、深槽都处于冲刷状态。但是当洪水遇逆风顶托而宣泄不畅时，过渡段也有可能发生淤积。河流段内涨潮流纯为淡水的回溯，河床的冲淤主要决定于上游的来水、来沙条件。

(2) 与山区毗邻的陆海双相河口。属这类河口的有闽江、鸭绿江、瓯江等。它们除了具有一般陆海双相河口特点外，由于河床发育受到山区地质地貌条件的限制，使得潮流界短，河床底坡陡，河床容积小。虽然潮差较大，但潮流量比较小。进潮量沿程递减率大，潮波反射作用强，潮波变形较大。这类河口潮流挟带的海相泥沙以悬沙为主，而径流输送的陆相泥沙以推移质为主，海陆相泥沙颗粒有显著的区别。

河流段位于山区，断面比较窄深，两岸多为岩石或黏土，河床多为细砂并形成犬牙交错的边滩。在洪水季节，边滩向下游移动，河床演变较缓慢。

过渡段出了山区进入冲积平原，河面放宽，边滩易被洪水切割而变为“江心滩”。洪水期过渡段以径流作用为主时，深槽淤浅而滩面冲刷；枯水期以潮流作用为主时，深槽冲刷滩面淤积。潮流段心滩得到进一步发展和扩大，主槽仍具有洪淤枯冲特点，但变幅要较过渡段小。

陆海双相河口河床的纵坡一般有两处较高：一处在过渡段，这是因为陆、海相泥沙均易在这里淤沉下来；另一处在口门附近，即拦门沙，这是因为由径流带来的陆相泥沙因流速减缓而淤沉下来；同时较细的泥沙又可能被涨潮流作为海相泥沙带回到这里落淤，因此拦门沙常具有粗细相间的分层结构。

陆海双相河口的平面外形特点是：潮流段放宽率比强潮海相河口小，而比湖源海相河口大，河线比较顺直；过渡段略微宽浅，而且沙洲浅滩较多；河流段受回水影响，河线较曲折。

4.2.4.2　整治措施

河口整治的主要目的是为了航运和防洪。较大河流河口往往是经济发达地区海陆运输的交会点。但河口的航道，由于水流的扩散和受潮汐、海流、风浪等因素的影响，往往多淤善变，水深不足、航行困难，需要采取整治措施。就防洪而言，河口是河流的尾闾，由于泥沙堆积严重，河水宣泄不畅，加上海潮、风浪的顶托，水位往往上升很高，以致泛滥成灾，需要进行整治。另外，河口滩地的围垦及排灌，潮汐发电、渔业等也需要河道整治。

1. 河口的航道整治

我国幅员辽阔，河流众多，入海河流很多，其中最主要的有长江、黄河、钱塘江等。

较著名的河口和三角洲有长江三角洲、黄河三角洲、珠江三角洲及钱塘江口。

河口治理必须在河口河床演变分析的基础上进行。就目前我国情况来说，对河口演变中的很多问题尚缺乏深刻的认识，一般河口的整治采用以下措施。

（1）多汊三角洲河口。对于多汊的三角洲河口，航道整治的主要任务是：首先选择一条合适的通航汊道，并沿航道修筑导流堤。

选择通航河汊的原则有以下几个。

1）对较大河流，应整治一条河床稳定的较小河汊作为通航道。

2）应选择外海流较强的一汊，以便海流将泥沙带到远离口门的地方。

3）选择流入深海滨的河汊。

4）如河汊航深不足，可考虑疏浚，不可用堵塞其他河汊的办法来增加通航汊道的流量。因为流量增加了，沙量也增加，会使口外拦门沙扩大，三角洲向前延伸，达不到整治目的。

5）如海流很弱，主要风向又正对海岸，应考虑开辟新航道。新航道出口应选在地形陡峻、水深较大的海岸处。

选择了通航河汊之后，就要整治该河汊的低水河床，并降低河口拦门沙高程，以满足通航要求。整治低水河床的办法与一般平原河道相同，降低河口拦门沙高程，常见的办法是修建导流堤。

导流堤的作用是使水流沿着它流动，增大对泥沙的推移力，在拦门沙上可冲出一条深水航道。当河口被当做港口来使用时，导流堤有时兼有防浪或阻止漂沙的防沙堤的作用。

导流堤的方向、位置、高度与潮流、沿岸强风向、泥沙运动的方向有关。

导流堤的方向选择应考虑以下条件。

1）导流堤的前端必须达到深水线。为减少堤长，导流堤应尽可能沿最短路线达到深水线。这样往往要求堤身与海岸成垂直方向。

2）导流堤的方向最好和强风向一致，这样船舶进入河口才比较安全方便。

3）导流堤以与沿岸海流斜交为宜，这样沿岸海流将与河水成锐角相交，可使沙滩淤积较远。

导流堤的定线位置大致以河口上段的中水河床为准，为河口上段中水水边线的延长线。这样可束窄水流，增大冲刷。

导流堤的长度以达到深水线为度，这样可减少堤外拦门沙的淤积。导流堤的高度视修建的目的不同而异。若是以集中水流冲刷沙滩为目的的导流堤，其高度一般应较中水位为高；若为了有效地束窄低水水流为目的，则可在原导流堤内侧加做低水导流堤，堤顶略高于低潮水位。

（2）喇叭形河口。喇叭形河口的主要整治措施有调整和稳定河床、加强航道冲刷等。这种形式的河口通常为强潮河口，河道的冲淤变化与潮流有着极为密切关系，因此，控制潮流量，是喇叭形河口航道整治首要解决的问题。同时河道必须设计成具有合适的平面形态和断面形式，要保证河口潮位过程线和河水流量条件下，河床冲淤幅度不大，能基本达到冲淤平衡，同时还应保证在低水位时有一定的航深。

（3）河口疏浚。未经整治的河口，主要靠疏浚来维持泄洪畅通和航深；如河口经整治后航深和港口水深还不能满足要求，也必须辅以疏浚工程措施，保持航深。在疏浚规划设计时，首先要做好挖槽选线工作，对挖槽的曲率半径、设计水位、挖槽水深、挖槽底宽及边坡系数，应按照通航条件的具体要求进行。

2. 河口防洪

目前所采取的防洪措施主要由修筑控导工程或用挖泥船疏浚，调整流路，减少淤积，扩大河口的泄洪能力。同时，修筑堤防及护岸工程，保护河岸和滩地。我国当前所采用的主要措施为后者。

沿海岸线修建用于挡潮的堤防称为海堤。海堤的规划设计与一般河堤相比，存在一定的差异，其主要区别在于海堤所承受的动力因素远比河堤复杂。特别是在一些强潮河口与接近河口的河段，海流、风浪、增水等海洋情势影响甚为突出，规划设计时要认真考虑。我国海岸线长，河口众多，在海堤工程的设计、施工中积累了丰富的经验。

河口地区的滩地、海岸所受到的冲刷比一般河岸更严重。因此，护岸工程（海塘工程）应更坚固、可靠。目前用得比较普遍的有修成直立式或倾斜式岸墙的纵向护岸工程、丁坝工程、潜堤工程等。这3种工程的形式各有特点，应根据引起河滩海岸破坏的因素不同选用。

第3节 水 库

在河道、山谷峡口、低洼地等处用土、砂、石或混凝土等材料修筑挡水坝，堵住山溪或河道的水流，把坝上游集水面积内的雨水拦蓄起来，以调节天然径流，为防洪、灌溉、供水和发电等服务，这样的工程称为水库。有时天然湖泊也称为水库（天然水库）。

4.3.1　水库的作用

1. 防洪作用

水库是我国广泛采用的防洪工程措施之一。在防洪区上游河道适当位置兴建能调蓄洪水，利用水库库容拦蓄洪水，削减进入下游河道的洪峰流量，以达到减免洪水灾害的目的。

2. 滞洪作用

滞洪就是使洪水在水库中暂时停留。当水库的溢洪道上无闸门控制，水库蓄水位与溢洪道堰顶高程平齐时，则水库只能起到暂时滞留洪水的作用。

3. 蓄洪作用

当溢洪道设有闸门时，水库就能在更大程度上起到蓄洪作用，水库可以通过改变闸门开启度来调节下泄流量的大小。由于有闸门控制，这类水库防洪限制水位可以高出溢洪道堰顶，并在泄洪过程中随时调节闸门开启度来控制下泄流量，具有滞洪和蓄洪双重作用。

4. 兴利作用

水库的兴利作用就是进行径流调节，蓄洪补枯，使天然来水能在时间上和空间上较好地满足用水部门的要求。

4.3.2　分类与分级

1. 水库类型

根据水库所在地区的地貌、库床及水面的形态，可将水库分为以下3类。

（1）平原湖泊型水库。它指在平原、高原台地或低洼区修建的水库。形状与生态环境都类似于浅水湖泊。形态特征：水面开阔，岸线较平直，库湾少，底部平坦，岸线斜缓，水深一般在10m以内，通常无温跃层。渔业性能优良，如江苏如东的东陵水库、河南省的宿鸭湖水库。

（2）山谷河流型水库。它指建造在山谷河流间的水库。形态特征：库岸陡峭，水面呈狭长形，水体较深但不同部位差异极大，一般水深为20～30m，最大水深可达30～90m，上下游落差大，夏季常出现温跃层，如湖北的三峡水库、重庆的长寿湖水库、浙江的新安江水库等。

（3）地下水库。地下水库是由地下储水层中孔隙、裂隙和天然的溶洞或通过修建地下截水墙拦截地下水形成的水库。地下水库不仅用以调蓄地下水，还可采取一定工程措施（如坑、塘、沟、井），把当地降雨径流和河道来水加以回灌蓄存。这类水库具有不占土地、蒸发损失小等优点，可与地面水库联合运用，形成完整的供水体系。地下水库必须在具备适宜的地下储水地质构造、有补给来源的条件下才能修建。

2. 水库分级

根据《水利水电工程等级划分及洪水标准》（SL 252—2017）的规定，水库根据其工程规模、效益和在国民经济中的重要性，划分为5级，见表4.2。

表4.2　　水库分级及其指标

工程等级	工程规模	水库总库容/亿 m^3	防洪			治涝	灌溉	供水		发电
			保护人口/万人	保护农田面积/万亩	保护区当量经济规模/万人	治涝面积/万亩	灌溉面积/万亩	供水对象重要性	年引水量/亿 m^3	发电装机容量/MW
Ⅰ	大（1）型	≥10	≥150	≥500	≥300	≥200	≥150	特别重要	≥10	≥1200
Ⅱ	大（2）型	<10 ≥1	<150 ≥50	<150 ≥100	<300 ≥100	<200 ≥60	<150 ≥50	重要	<10 ≥3	<1200 ≥300
Ⅲ	中型	<1 >0.1	<50 ≥20	<100 ≥30	<100 ≥40	<60 ≥15	<50 ≥5	比较重要	<3 ≥1	<300 ≥50
Ⅳ	小（1）型	<0.1 ≥0.01	<20 ≥5	<30 ≥5	<40 ≥10	<15 ≥3	<5 ≥0.5	一般	<1 ≥0.3	<50 ≥10
Ⅴ	小（2）型	<0.01 ≥0.001	<5	<5	<10	<3	<0.5		<0.3	<10

注　1.“水库总库容”指水库最高水位以下的净库容；“治涝面积”指设计治涝面积；“灌溉面积”指设计灌溉面积；“年引水量”指供水工程渠首设计年均引（取）水量。

2.“保护区当量经济规模”仅限于城市保护区；防洪、供水中的多项指标，满足1项即可。

3.按供水对象重要性确定工程等别时，该工程应为供水对象的主要水源。

（1）大（1）型水库。总库容不小于10亿 m^3；保护城镇及工矿企业特别重要；保护农田不小于500万亩；治涝面积不小于200万亩；灌溉面积不小于150万亩；供水对象特别重要；发电装机不小于120万kW。

（2）大（2）型水库。1亿 m^3≤总库容<10亿 m^3；保护城镇及工矿企业重要；100万亩≤保护农田<500万亩；60万亩≤治涝面积<200万亩；50万亩≤灌溉面积<150万亩；供水对象重要；30万kW≤发电装机<120万kW。

（3）中型水库。0.1亿 m^3≤总库容<1亿 m^3；保护城镇及工矿企业中等；30万亩≤保护农田<100万亩；15万亩≤治涝面积<60万亩；5万亩≤灌溉面积<50万亩；供水对象中等；5万kW≤发电装机<30万kW。

（4）小（1）型水库。0.01亿 m^3≤总库容<0.1亿 m^3；保护城镇及工矿企业一般；5万亩≤保护农田<30万亩；3万亩≤治涝面积<15万亩；0.5万亩≤灌溉面积<5万亩；供水对象一般；1万kW≤发电装机<5万kW。

（5）小（2）型水库。0.001亿 m^3≤总库容<0.01亿 m^3；保护农田小于5万亩；治涝面积小于3万亩；灌溉面积小于0.5万亩；发电装机小于1万kW。

4.3.3　水库的组成

在取水枢纽和蓄水枢纽中，为了拦截水流、抬高水位和调蓄水量，需要设置横跨河道的挡水建筑物；为了宣泄洪水或放空水库，需要设置泄水建筑物；为了引水灌溉、发电或向城镇供水，需要设置取水建筑物。取水枢纽的挡水建筑物使用拦河闸或滚水坝，拦河闸或滚水坝也起泄水建筑物的作用，有时也将挡水的一部分做成非溢流坝；取水建筑物多使用进水闸，有时也使用引水隧洞或引水涵管。蓄水枢纽的挡水建筑物有时采用非溢流坝和溢流坝形式，后者也起泄水建筑物的作用。有时只设非溢流坝，另设岸边溢洪道、泄水隧洞；取水建筑物则多使用引水隧洞或涵管和穿过坝身的发电引水管。有时也使用只引取水库上层水的进水闸。水利枢纽除设置挡水、泄水、取水三种通用性水工建筑物外，有发电任务的还需设置水电站厂房、调压室等专门性水工建筑物；有通航、过木、过鱼任务的还需设置船闸、升船机、筏道、鱼道等专门性水工建筑物。河道或渠道上的闸枢纽，一般由拦河闸、节制闸、分洪闸、分水闸等各种水闸及必要的堤防组成。

水库的建筑物主要包括：①坝用有关的取水、泄水、过船等相关的建筑物；②引水道及相关建筑物；③发电厂房及相关建筑物。在一般情况下，坝是水库工程的最主要建筑物（图4.9）。

图4.9　山谷河型水库流

水利枢纽的布置要从地形、地质、水流等实际情况出发，因地制宜，并体现以下原则：①有效地完成所承担的除害兴利任务；②技术上安全可靠，经济上投资省、效益高；③施工方便，工期短，投产快；④有利于运行调度和管理维修。

1. 坝

坝是截断河流，用以拦蓄水流或壅高水位的挡水建筑物，是水库枢纽的主体，又称为拦河坝、大坝。

大坝具有多种类型，常见的有以下几种。

（1）按结构和力学特点分类，可分为重力坝、拱坝、支墩坝、装配式坝、锚固坝等。

（2）按筑坝材料，可分为混凝土坝、钢筋混凝土坝、土石坝、木坝、橡胶坝等。

（3）按溢流条件，可分为溢流坝和非溢流坝。

（4）按坝的高度，可分为低坝、中坝和高坝（坝高30m以下为低坝，坝高30～70m为中坝，坝高70m以上为高坝）。

（5）按施工方法，土石坝可分为碾压土坝、水力充填坝、水中倒土坝、土中灌水坝、水坠坝、抛填式堆石坝、碾压堆石坝、定向爆破坝等；混凝土坝可分为现场浇筑坝、装配式坝和碾压混凝土坝。

土石坝中，不设防渗体的称为均质坝；以心墙为防渗体的，可分为黏土心墙坝、黏土斜心墙坝、混凝土心墙坝、钢筋混凝土心墙坝、沥青混凝土心墙坝；以面板为防渗体的，可分为钢筋混凝土面板堆石坝、沥青混凝土面板坝等。

不同类型的坝，其结构也不相同，但具有下列共性：垂直于坝轴线切取的断面称为坝的横剖面，在横剖面上，临水库的坝面称为上游面，背水库的坝面称为下游面。有时坝的上、下游面做成斜面，坝面线与铅垂线夹角的正切称为坝的坡度。坝的横剖面由坝顶线、上下游坝面线及坝基面线组成。上游坝面与坝基面交接处称为坝根，下游坝面与坝基面交接处称为坝脚趾。沿坝轴线切取的断面称为坝的纵剖面，在纵剖面上，坝体与岸边交接处称为坝肩。在坝顶轴线处两岸坝肩的距离称为坝长，坝顶与坝基之间的高差称为坝高。坝长与最大坝高是表示坝规模的两个重要指标。通常将拦主河道修建的坝称为拦河坝或主坝，而将修建于水库垭口上的坝称为副坝。

大坝设计的主要内容，首先是选定坝址和坝型，其次是确定坝体承受的荷载，据此进行坝体轮廓尺寸、材料分区、细部构造、防渗防冲、地基处理等的设计。

2. 泄水建筑物

泄水建筑物是为宣泄水库超过调蓄能力的洪水或泄放水库存水而设置的水工建筑物。水库泄水建筑物通常有溢洪道、泄水闸、泄水隧洞、泄水底孔、泄水涵管。泄水建筑物一般由混凝土、钢筋混凝土、砌石、钢材等修筑而成。泄水方式有堰流和孔口出流两种。通过溢洪道以及开敞式水闸的水流一般属于堰流；当闸门部分开启或堰顶设置胸墙时，也可能属于孔流；泄水隧洞、泄水底孔、泄水涵管的水流一般属于孔流。水库泄水建筑物的形式选择取决于坝型、枢纽布置、地形、地质、水文、施工等因素。一般来说，混凝土坝枢纽多采用溢流坝和泄水底孔，土坝枢纽多采用岸边溢洪道和泄水隧洞。堰顶高程、孔口数目和尺寸等，依据设计洪水标准、下游防洪要求、上游水位限制以及泄水时间要求等经计算分析确定。设计时，一般先选定泄流方式，并拟定若干个泄水布置方案，然后进行调洪演算或泄流计算，估计淹没损失和枢纽造价等，再通过技术经济比较，选定最佳方案。为防止高速水流引起过水表面空蚀破坏，应做好体型设计，控制表面不平整度，采用抗空蚀材料和设置通气槽等通气减蚀措施；还必须重视高速水流引起的闸门振动问题。泄水建筑物下游应结合泄流方式、流量、流速、下游水位以及地形、地质等条件，选用合理的消能防冲设施，通过分析计算，确定其尺寸和构造，必要时需进行模型试验。溢洪道、溢流坝都在不同程度上起挡水作用，必须重视抗滑稳定问题和渗流问题。泄水涵洞和泄水涵管虽不起挡水作用，但也常需考虑渗流稳定问题。

溢流坝应尽可能设在河流的主河槽部位，以保持天然河势，使进出水流平顺，并有利于消能防冲；要求地基尽可能坚硬完整。溢流坝与水电站厂房、船闸等建筑物之间常用导墙隔开，或间隔一定距离，以免下泄水流引起的水面波动影响电站和船闸正常运行。开敞式溢洪道尽可能布置在高程适宜的库岸援口处；设在土石坝坝端的溢洪道，应设置隔墙与土石坝分开，防止进口附近横向水流冲刷上游坝坡。溢洪道出口与坝体间要有一定距离，以防下泄水流淘刷坝脚。泄水隧洞应布置在岩石较好的地段，在上覆岩体厚度和傍山岩体厚度满足要求的前提下，线路尽可能短直；进水口水流要平顺，出口布置要有利于消能防冲，防止对其他建筑物的不利影响。

发电用水通过水轮机转换后经尾水管及尾水道排入河道。尾水管及尾水道的长度按电站布置形式也有很大的不同。具有河床式厂房的水电站，尾水管往往直接通入河道，其长度仅十数米至数十米。具有地下式厂房的水电站，尾水管后往往接一较长的尾水道，最长的可达数千米。

3. 取水建筑物

取水建筑物是灌溉、城镇供水、水力发电等用水系统自水源取水必不可少的水工建筑物。水源不同，取水建筑物的形式也有所不同。自低水头水利枢纽取水，多采用带胸墙的开敞式进水闸；自高水头水利枢纽或水库取水，多采用引水隧洞、坝身引水管或坝下取水涵管。开敞式进水闸的孔口数目和尺寸，由取水量和上、下游水位确定，一般按最不利或一定保证率的水源情况进行设计。闸的高度按挡水需要确定。进水闸出流形式和下游流态比较复杂，容易发生波状水跃和折冲水流，需注意消能防冲问题。在多泥沙河流上修建开敞式进水闸，还要注意防止进入过量的、有害的泥沙。为此，可采用人工弯道式取水、分层式取水、底栏栅式取水以及拦沙坎、导流装置等措施。

引水隧洞、坝身引水管、取水涵管的数目和尺寸，也由取水流量和上、下游水位决定。对于发电引水隧洞还要考虑洞内的水头损失，采用经济流速。洞和管的进口首部结构，有井式、塔式、岸塔式等多种形式，应结合具体条件，妥善选用。当进口的深度不大时，常需在进口前设置拦污装置。洞（管）内的水流属于高速水流时，对闸门的振动、门槽及洞壁衬砌或管壁的空蚀、出口的消能防冲等问题要给予足够的重视。设置在地下或坝体内的洞和管，在岩土压力和内外水压力作用下，洞壁衬砌或管壁必须有足够的强度和刚度。

水电站的引水道是把发电用水由坝上引至水轮机内。由于各个水电站的地形不同，引水道的长度有很大差别。有的是埋在坝内长仅数十米的钢管；也有的是长达几千米以至十几千米的引水隧洞或明渠。

取水建筑物多布置在靠近用水地区的一侧，并尽可能布置在凹岸，以利于正面引水、侧面排沙。

4. 水电站厂房

水电站厂房是安装水轮发电机组及其附属设备的建筑物。当河床较宽时多采用坝后式或河床式，较狭窄时多采用岸边式、坝内式、地下式或厂房顶溢流式、厂房顶挑越式。厂房位置尽可能靠近河道深槽以减少开挖量。引水隧洞、尾水隧洞尽可能短而直，以减少水头损失。控制电站运行的中央控制室往往设在厂房建筑物内或在其附近。开关站是安装水电站各项开关设备和保护设备的场所。升压站是安装升压变电设备的场所。开关站和升压站往往合建在一起。水电站的机械、电气设备主要包括：①水轮机及其辅助设备；②水轮发电机及其附属设备；③变压器及其保护设备；④闸门和闸门启闭机等水力机械。水轮机是将水能转变为机械能的设备。发电机是将机械能转变为电能的设备。

5. 通航建筑物

通航建筑物是为船只过坝而设置的水工建筑物，又称船闸。通航建筑物包括船闸、升船机、充泄水装置，其中船闸和升船机是为克服航道上的集中落差，使船舶（队）顺利地由上（下）游驶往下（上）游而设置的。

选择通航建筑物类型主要根据水头的大小和通航船舶的吨位。另外，通过能力、耗水量、工程投资、当地的机电制造工艺水平等的要求对选择通航建筑物类型也有一定影响。在通航建筑物中，当水头小于40m时，一般采用船闸；当水头大于70m时一般采用升船机；当水头在40～70m之间时可以在二者中进行技术论证选定。第23届国际航运会议认为：当水头大于40m时，升船机的优越性随着水头的增加而越来越大。在我国，通常情况下，一般以船闸为主，但在高水头水利枢纽上，均进行通航建筑物形式的比选。

总体布置主要是安排通航建筑物在枢纽中的位置，主要视地形、地质以及建闸河段的水流、泥沙和河床演变等条件而定。通航建筑物总体布置得适当与否是通航建筑物安全和正常运转的重要条件。要与水电站厂房分开，以免互相干扰；要防止上、下游泥沙淤积，水深和流速要符合航运要求，并有足够的导航和停泊场地。

4.3.4 全国水库情况

根据全国首次水利普查资料，全国有水库98002座，总库容9823.12亿m^3。其中大（1）型水库127座，大（2）型水库629座，中型水库3938座，小（1）型水库17949座，小（2）型水库75359座。

1. 库容排名前10的水库

库容排名前10的水库见表4.3。

表4.3 库容排名前10的水库

排名	名称	所在省份	所在河流	库容量/亿m^3	排名	名称	所在省份	所在河流	库容量/亿m^3
1	三峡水库	湖北	长江	393	6	三门峡水库	河南	黄河	162
2	丹江口水库	湖北	汉江	339.1	7	小湾水电站	云南	澜沧江	149.14
3	龙洋峡水库	青海	黄河	276	8	水丰水电站	辽宁	鸭绿江	146.66
4	新安江水库	浙江	新安江	216.23	9	新丰江水库	广东	新丰江	138.96
5	龙滩水库	广西	红水河	162.1	10	小浪底水库	河南	黄河	126.5

2. 坝高排名前10的水库

坝高排名前10的水库见表4.4。

表4.4 坝高排名前10的水库

排名	名称	所在省份	所在河流	最大坝高/m	排名	名称	所在省份	所在河流	最大坝高/m
1	小湾水电站	云南	澜沧江	294.5	6	光照水电站	贵州	北盘江	200.5
2	拉西瓦水电站	青海	黄河	250	7	龙滩水库	广西	红水河	192
3	二滩水电站	四川	雅砻江	240	8	瀑布沟水电站	四川	大渡河	186
4	水布垭枢纽	湖北	清江	233	9	三板溪水电站	贵州	沅水	185.5
5	构皮滩水电站	贵州	乌江	232.5	10	三峡水库	湖北	长江	181

（资料来源：水利部建设与管理司，水利部大坝安全管理中心．中国高坝大库．北京：中国水利水电出版社，2012.）

第4节 泵　　站

泵是一种能量转换机械，它将外施于它的能量再转施于液体，使液体能量增加，从而将其提升或压送到所需之处。用以提升、压送水的泵称为水泵。为此，除水泵本身外，还必须有配套的动力设备、附属设备、管路系统和相应的建筑物等组成一个总体，这一总体工程设施称为水泵站（简称泵站）。泵和泵站类型繁多，广泛应用于农业和水利工程中（图4.10）。

图4.10 提水泵站

4.4.1 泵站的作用

（1）可以为受渍涝灾害的区域排除渍水，也能为需要灌溉的地区提供水源。

（2）为解决乡镇人、畜饮水提供水源。

（3）为解决我国北方的水资源短缺问题，跨流域“南水北调”。

4.4.2 分类与分级

4.4.2.1 水泵的分类

泵根据其作用原理可分为两大类，即动力式泵和挤压式（容积式）泵。

1. *动力式泵*

这类泵是靠泵的动力作用将能量连续地施加于液体，使其动能（或流速）和压能增加，然后在泵内或泵外将部分动能再转换成压能。属于这一类的泵有以下几种。

（1）叶片式泵。叶片式泵是靠泵中叶轮高速旋转的机械能转换为液体的动能和压能。由于叶轮上有几片扭曲形弯曲叶片，故称其为叶片泵。根据叶轮对液体的作用力的不同，可将叶片泵分为以下几种。

1）离心泵。它指靠叶轮旋转形成的惯性离心力而工作的水泵。由于其扬程较高，流量范围大，在实际中获得广泛应用。

2）轴流泵。它指靠叶轮旋转产生的轴向推力而扬水的泵。其扬水高度低（一般在10m以下），但出水量大，故多用于低扬程大流量的泵站中。

3）混流泵。它指叶轮旋转既产生惯性离心力又产生推力而扬水的泵，其适用范围介于离心泵和轴流泵之间。

（2）旋涡泵。旋涡泵叶轮外周两侧均布着带有凹槽的叶片，叶轮旋转并将液体甩出叶片进入固定的环形空间做螺旋运动，经一段距离又重新进入叶轮再次加压甩出，液体经多次增压而流出泵体，因而可产生很高的压力，一般可达 100m（1MPa）；但流量小（为 $0.36\sim17m^3/h$），故泵站中很少采用。

（3）射流泵。射流泵与上述水泵不同，它没有转动部件，是靠外加的流体（气体或液体）高速喷射与泵中液体相混合，把一部分动能传给液体，使其动能增加，并在随后的扩散段内减速加压而工作的泵。由于其结构简单、工作可靠，故应用较为广泛；但其效率较低。

（4）气升泵（又称空气扬水机）。它指气升泵靠通入泵中的压缩空气的喷射与水相混合使相对密度减轻而扬水的泵。它主要用于井中提水，但需要一套较复杂的空气压缩系统，所以其应用受到一定的限制。

2. 挤压式泵（又称容积式泵）

挤压式泵是通过泵中工作体的运动，交替改变液体所占空间的容积，挤压液体使其压能增加的泵。从理论上讲，其压力的增高是没有限制的，而实际上要受到泵的密封性和零部件强度的制约，同时容积式泵工作时，压力管路上的阀门不能关闭。根据其工作机构的形式，这类泵又可分为往复式泵和回转式泵两大类。

（1）往复式泵。往复式泵靠工作件的往复运动挤压液体而工作的泵，可分为以下几种。

1）活塞和柱塞泵。加压于液体的往复运动的部件是盘状活塞或柱状活塞，前者用于高压泵，后者用于低压泵。其中带有长拉杆的柱塞泵多用于抽水或抽取石油的井中，简称拉杆泵。

2）隔膜泵。利用橡胶隔膜的拉伸和收缩施压于液体的泵。

（2）回转式泵。回转式泵是靠回转转子凸缘挤压液体而工作的泵。它分为以下几种。

1）齿轮和凸轮泵。利用齿轮或凸轮挤压液体。

2）螺杆泵。利用旋转螺杆的螺纹槽挤压液体。其中又分为单螺杆、双螺杆和三螺杆等。

3）滑片式泵。利用旋转或往复运动的刮板挤压液体的泵。

4.4.2.2 水泵的分级

结合泵站实际情况，根据《泵站设计规范》（GB 50265—2010）的规定，泵站可分为以下5级。

（1）大（1）型泵站：装机流量不小于 $200m^3/s$ 或装机功率不小于3万kW。

（2）大（2）型泵站：装机流量不小于 $50m^3/s$ 或装机功率不小于1万kW。

（3）中型泵站：装机流量不小于 $10m^3/s$ 或装机功率不小于0.1万kW。

（4）小（1）型泵站：装机流量不小于 $1m^3/s$ 或装机功率不小于0.01万kW。

（5）小（2）型泵站：装机流量小于 $1m^3/s$ 或装机功率小于0.01万kW。

4.4.3 泵站进出水建筑物

泵站进出水建筑物一般包括前池、进水池和出水池，对大型块基型泵站还包括进出水流道。

4.4.3.1 前池

在有引渠的泵站中，为了把引渠和进水池合理地衔接起来，并为水泵吸水创造良好的水力条件，一般均要在引渠末端兴建进水建筑物，它由前池和进水池（吸水池）两部分组成。前池位于引渠和进水池之间，进水池靠近泵房或位于泵房之下，泵的进水管和进水喇叭口直接从进水池中吸水。在引渠较短的泵站中，一般将引渠开挖得和进水池一样宽，即引渠和前池合二为一。

4.4.3.2　进水池

进水池是水泵或进水管直接从中取水的水工建筑物。一般布置在前池和泵房之间或泵房之下（对湿式泵房）。它的作用主要是为水泵创造良好的进水条件。进水池的形式和尺寸应满足水泵吸水性能好、机组运行安全、维修方便和工程造价低的要求。

4.4.3.3　出水建筑物

出水建筑物分出水池和压力水箱两种结构形式。出水池是一座连接压力管路和灌排干渠的扩散型水池，主要起消能稳流作用，把压力水管射出的水流平顺而均匀地引入干渠中，以免冲刷渠道。压力水箱多用于排水泵站中，它位于压力管路和压水涵管之间，并把各管路的来水汇集起来再由排水压力涵管输送到排水区去。

4.4.4　全国泵站情况

据《2012 年中国水利年鉴》统计，全国农田灌排机械保有量已达 8778.7 万 kW，比建国初期增加了 800 多倍，占全国农用总动力的 1/4。

全国机电灌排装机容量达 4403 万 kW，其中固定式机电灌排装机 42.44 万处（其中大型泵站 299 处，中型泵站 3714 处，小型 85050 处），2311.1 万 kW。排灌面积 5.22 亿亩，其中提灌面积 4.56 亿亩，排涝面积 0.66 亿亩，有力地提高了各地抗御自然灾害的能力，为我国国民经济持续、稳定、健康发展提供了强有力的保障。

第 5 节　水　　闸

水闸是一种常见的水工建筑物，既能挡水（潮）、抬高水位，又能泄水，用以调节水位、控制流量。它广泛应用于水利建设的各个方面，在平原或地势较为平缓的地区，为了防洪、排涝、航运、灌溉、挡潮以及发电等目的而兴建的水利枢纽中，大多数需要修建各类水闸；在各类渠道中，为了控制水位和流量、宣泄入渠洪水以及防止泥沙的侵入或冲洗渠道中沉积的泥沙，也需要修建一些水闸。

我国具有修建水闸的悠久历史，特别是自新中国成立以来，在广大平原地区和各条江河以及大小灌区，修建了千千万万座水闸，尤其是在长江、黄河、淮河和海河的流域治理中，水闸更是数量众多，在防洪、排涝、航运、灌溉、挡潮等方面，取得了显著的经济效益和巨大的社会效益。

4.5.1　水闸的类型和分级

4.5.1.1　水闸的类型

水闸的种类很多，其分类方法也不相同，通常可按水闸所担负的任务和水闸的结构形式来进行分类。

1. 按照水闸所担负的任务分类

按照水闸所担负的任务，可分为进水闸、节制闸（拦河闸）、排水闸、挡潮闸、分洪闸等，如图 4.11 所示。

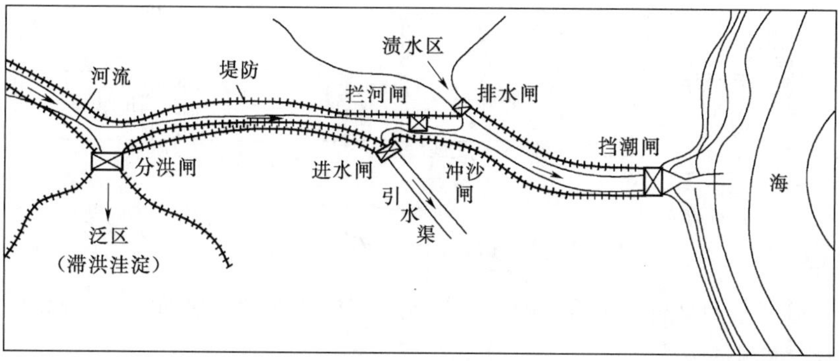

图 4.11 水闸类型及布置示意图

（1）进水闸。为了满足农田灌溉、水力发电或其他用水的需要，在水库、河道、湖泊的岸边或渠道的渠首建闸引水，并控制入渠流量，称为进水闸，又称为渠首闸。

（2）节制闸。节制闸一般用以调节水位和流量，在枯水期借以截断河道抬高水位，以利上游航运和进水闸取水；洪水期用以控制下泄流量。节制闸若拦河建造，又称为拦河闸。在灌溉渠系上位于干、支渠分水口附近的水闸，也叫节制闸。

（3）排水闸。排水闸常位于江河沿岸。大河水位上涨时可以关闸以防江河洪水倒灌；河水退落时即行开闸排除渍水。由于它既要排除洼地积水，又要挡住较高的大河水位，所以其特点是闸底板高程较低而闸身较高，并受到双向水头作用。

（4）挡潮闸。为了防止海水倒灌入河，需修建挡潮闸。挡潮闸还可用来抬高内河水位，达到蓄淡灌溉的目的；内河两岸受涝时，可利用挡潮闸在退潮时排涝。建有通航孔的挡潮闸，可在平潮时期开闸通航。因此，挡潮闸的作用是挡潮、御卤、排水、蓄淡，其特点也是受到双向水头作用。

（5）分洪闸。在江河适当地段的一侧修建分洪闸，当较大洪水来临时开闸分泄一部分下游河道容纳不下的洪水，进入闸后的洼地、湖泊等蓄滞洪区或下游不同的支流，以减小洪水对下游的威胁。这类水闸的特点是泄水能力大，以利及时分洪。

除以上几种闸型外，还有渠系上的分水闸、泄水闸及冲沙闸等。

2. 按照水闸的结构形式分类

水闸的结构形式可分为开敞式、胸墙式、涵管式（封闭式），如图 4.12 所示。

（1）开敞式和胸墙式水闸。开敞式水闸闸室是露天的。它是水闸中应用较为广泛的一种形式。进水闸、分水闸、节制闸、排水闸和分洪闸等一般都采用这种形式，如图 4.12（a）所示。当上游水位变幅较大而过闸流量又不是很大时，可采用有胸墙的水闸，如图 4.12（b）所示。开敞式水闸设胸墙后，可以降低闸门的高度并减小启闭力。

（2）涵管式水闸。水闸修建在河（渠）堤之下时，则将涵管式水闸称为封闭式水闸。它的闸室一般较长，在软土地基上常由于不均匀沉陷而有裂缝、断裂的可能。依据水闸工作条

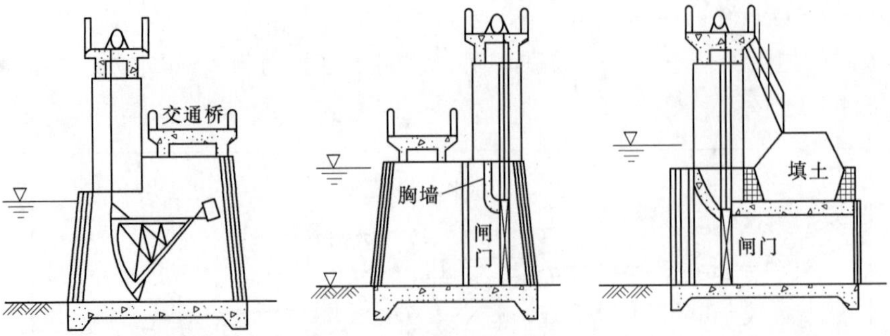

(a) 开敞式　(b) 胸墙式　(c) 封闭式

图 4.12　闸室结构形式

件的不同，涵管式水闸又可分为有压涵管式和无压涵管式两类，如图 4.12 (c) 所示。

4.5.1.2　水闸的分级

按照有关规定，水闸按校核过闸流量（没有校核过闸流量就以设计过闸流量为准）可划分为大、中、小型。

(1) 大型水闸：$Q=1000\mathrm{m}^3/\mathrm{s}$。

(2) 中型水闸：$Q\geqslant100\mathrm{m}^3/\mathrm{s}$ 及 $Q<1000\mathrm{m}^3/\mathrm{s}$。

(3) 小型水闸：$Q\geqslant10\mathrm{m}^3/\mathrm{s}$ 及 $Q<100\mathrm{m}^3/\mathrm{s}$。

4.5.2　水闸的组成及工作特点

1. 水闸的组成部分

各种类型水闸的组成部分大致类似，一般由上游连接段、闸室段和下游连接段三部分组成，见图 4.13。

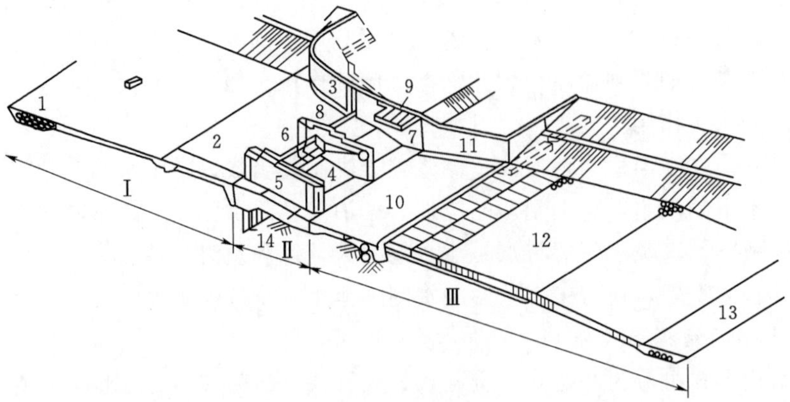

图 4.13　水闸的组成

Ⅰ—上游连接段；Ⅱ—闸室段；Ⅲ—下游连接段；

1—上游防冲槽；2—铺盖；3—上游翼墙；4—闸室底板；5—闸墩；6—闸门；7—交通桥；8—工作桥位置；9—边墩；10—消力池；11—下游翼墙；12—海漫；13—下游防冲槽；14—板桩

(1) 上游连接段。上游连接段的主要作用是将上游来水平顺地引进闸室。这一部分包括河底部分的铺盖、上游防冲槽及两岸的翼墙和护坡。铺盖作为防渗设施兼具防冲作用，有时还利用它作为阻滑板，其位置紧靠闸室底板；铺盖上游河床常设置砌石护底，防止河床冲刷的作用。

（2）闸室段。闸室是水闸的主体，作用是控制水位、连接两岸和上下游。这一部分包括底板、闸墩、闸门、胸墙、工作桥及交通桥等。底板作为水闸的基础，承受闸室全部荷载并均匀地传给地基，利用底板与地基间的摩擦力保护闸室在水平力作用下的稳定；闸墩的作用是分隔闸孔、支承闸门和工作桥、交通桥等；工作桥的作用是用于安装启闭机和操纵启闭设备；交通桥的作用是连接两岸交通。

（3）下游连接段。下游连接段的主要作用是引导水流平顺地出闸和均匀地扩散，防止下游河床及岸坡的冲刷。下游连接段包括消力池、海漫、防冲槽以及翼墙、护坡等。消力池（一般由降低的护坦构成）紧接闸室，具有增加下游水深、消除水流能量和保护水跃范围内的河床免受冲刷的作用；海漫紧接消力池，通常用浆砌石砌成，利用表面较大的糙率继续消能，保护河床免受冲刷；海漫逐渐降低做成防冲槽，利用槽中增加的水深减缓流速、调整流速分布，保护海漫免受冲刷，在海漫和防冲槽长度范围内，两岸应做块石护坡，护坡的下面设砂石垫层15～25cm，防止岸坡内渗水出逸时将土带走；下游翼墙引导过闸水流均匀扩散，并保护两岸免受冲刷。

2. 水闸的工作特点

水闸可以修建在土基或岩基上，但多数建于软土地基上。水闸既要挡水又要泄水，地基条件差和水头低且变幅大是水闸工作条件比较复杂的主要原因。因而，它具有许多与其他挡水建筑物不同的工作特点，具体反映在稳定、渗流、冲刷和沉降等几个方面。

（1）稳定问题。水闸在正常使用时，上游拦有较高水位，闸上、下游形成的水位差会造成较大的水平水压力，使水闸有可能产生向下游一侧的滑动。因此，水闸必须具有足够的重量，以维持自身的稳定。水闸建成尚未挡水时，或在正常使用的无水期，常因过大的垂直荷载，使基底压力超过地基允许承载力而导致地基土发生塑性变形，可能产生闸基土被挤出或连同水闸一起滑动的危险。因此，水闸又必须具有适当的基础（底板）面积，以减小基底压应力。

（2）渗流问题。水闸挡水时在上、下游水位差的作用下，会产生通过闸基及水闸与两岸连接处的渗流。渗流的存在将对水闸底部施加向上的扬压力，会减小水闸的重量，而降低水闸的抗滑稳定性。如闸基或两岸均为土基时，渗流还可能带走土层中的细颗粒，在闸后出现翻沙鼓水现象，严重时闸基和两岸还可能被淘空。侧向渗透的绕流对两岸连接建筑物施加水平水压力，降低了这些建筑物的稳定性，还将引起岸坡上的渗透变形并增大闸底的渗透压力。如果渗流水量很大时，将会影响水闸的挡水效果，甚至蓄不住水。

（3）冲刷问题。水闸开闸泄水时，闸下游无水或水深很浅，在上、下游水位差的作用下，过闸水流往往有很大的流速，其具有的能量将引起闸下游的严重冲刷。如冲刷范围扩大到闸基时，将因闸基被淘空而导致水闸失事。此外，水闸两岸多为土层或软弱岩层，特别是当闸孔数目较多时，开启个别闸孔容易形成折冲水流，对下游河岸造成严重冲刷，也会危及水闸的稳定和安全。

（4）沉降问题。水闸建在软土地基上时，由于软土的压缩性很大，在闸身自重及外部荷载的作用下，往往会产生较大的沉降；尤其当通过底板传到地基上的荷重分布不均匀以及地基土层分布不均匀时，更会产生不均匀沉降。地基的沉降将会引起水闸的下沉，不均匀沉降则会造成闸室倾斜，严重的甚至可能断裂，这将严重影响水闸的正常使用。

4.5.3 水闸的作用

关闭闸门，可以拦洪、挡潮、蓄水抬高上游水位，以满足上游取水或通航的需要。开启闸门，可以泄洪、排涝、冲沙、取水或根据下游用水的需要调节流量。水闸在水利工程中的应用十分广泛，多建于河道、渠系、水库、湖泊及滨海地区。

水闸作为调节水位、控制流量的水工建筑物，具有挡水和泄（引）水的双重功能，是江河湖泊上防洪排涝（挡潮）、灌溉供水、水资源调控、改善水环境等水利工程体系的重要组成部分，是减少自然灾害损失、保障经济社会发展和人民群众生命财产安全的重要基础设施。

4.5.4 全国水闸情况

我国修建水闸的历史悠久。公元前598至前591年，楚令尹孙敖被下放到今安徽省寿县建芍陂灌区时，即设5个闸门引水。以后随建闸技术的提高和建筑材料新品种的出现，水闸建设也日益增多。1949年后大规模现代化水闸的建设，在中国普遍兴起，并积累了丰富的经验。如长江葛洲坝枢纽的二江泄水闸，最大泄量为84000m^3/s，运行情况良好。国际上修建水闸的技术也在不断发展和创新，如荷兰兴建的东斯海尔德挡潮闸，闸高58m，闸身净长3km，被誉为“海上长城”。当前水闸的建设，正向形式多样化、结构轻型化、施工装配化、操作自动化和远程控制自动化方向发展。

根据全国第一次水利普查公报，全国共有不同规模水闸268476座，其中，大型（最大过闸流量在1000m^3/s以上）860座，中型（最大过闸流量为100～1000m^3/s）6332座，小型（最大过闸流量为5～100m^3/s）89827座，规模以下（最大过闸流量为1～5m^3/s）171457座。

第6节 蓄 滞 洪 区

4.6.1 蓄滞洪区地位及其作用

蓄（分）洪区是利用湖泊、洼地滞蓄调节洪水的区域，一般由蓄（分）洪区围堤和避洪设施构成。行洪区是指河道两侧堤防或河岸之间用以宣泄洪水的区域。通常将蓄（分）洪区、滞洪区、行洪区统称为蓄滞洪区。多数蓄滞洪区在历史上就是江河洪水淹没和调蓄洪水的地方，在大洪水时利用它分滞洪水，平时利用区内土地进行生产活动。蓄滞洪区与堤防、水库等共同组成江河防洪工程体系。蓄滞洪区是合理地处理局部与全局关系、控制洪水和加强洪水管理、减轻洪水灾害的有效措施（图4.14）。

1. *蓄滞洪区的历史沿革*

我国长江中下游平原地区，由于自然条件相对优越，人口密集，社会经济发达。这些地区分布着众多的湖泊洼地，历史上就是调蓄洪水的天然场所，两三千年前就有运用湖泊

图 4.14　蓄滞洪区示意图

洼地蓄滞超额洪水的记录。随着经济社会的发展和人口的不断增加，人水争地矛盾的日益加剧，对土地开发利用程度不断提高，天然湖泊洼地逐渐被围垦和侵占，调蓄洪水能力大大降低，社会经济发展与防洪安全的矛盾日趋尖锐。自新中国成立以来，国家十分重视防洪建设，针对我国主要江河洪水峰高量大，而河道泄洪能力不足的特点，规划安排了一批蓄滞洪区，在历次抗洪实践中有效地分蓄了江河的超额洪水，取得了较好效果。我国主要江河蓄滞洪区建设大致经历了以下 3 个阶段。

（1）第一阶段（1988 年以前）。20 世纪 50 年代初期制定的长江、黄河、淮河等流域治理方案，按照“蓄泄兼筹”的方针，在规划建设治理河道增大江河行洪能力、修建山谷水库调蓄洪水的同时，规划安排了江河两岸一些湖泊、洼地作为行洪、滞洪的蓄洪区，与水库和河道共同组成防洪工程体系。1950 年，政务院下发的《关于淮河治理的决定》中，决定在上游建设蓄洪量超过 20 亿 m^3 的低洼地区临时蓄洪工程；中游建设蓄洪量为 50 亿 m^3 的湖泊洼地蓄洪工程。为防御黄河 1933 年型大洪水，1951 年政务院发出的《关于预防黄河异常洪水的决定》中决定，除利用东平湖自然分洪外，还需设置沁黄滞洪区、北金堤滞洪区分滞黄河洪水。蓄滞洪区设置初期，主要以蓄洪围堤工程建设为主，由于区内人员较少、经济较落后，蓄滞洪区启用较为顺利，分蓄洪水时造成的损失相对较小。

（2）第二阶段（1988—1998 年）。在主要江河防洪减灾体系初步形成的情况下，针对蓄滞洪区人口增加、经济发展以及区内居民在分洪时的安全问题，为保障蓄滞洪区的正常运用，确保大江大河重点地区防洪安全的同时，保障蓄滞洪时区内居民的生命财产安全，1988 年国务院批转了水利部关于《蓄滞洪区安全与建设指导纲要》（以下简称《纲要》），确定了以“撤退转移为主，就地避洪为辅”的安全建设方针，对蓄滞洪区通信与警报和人口控制、土地利用、产业活动、就地避洪措施、安全撤离措施、试行防洪基金或洪水保险制度、宣传与通告等方面做出了原则规定。《纲要》的颁布实施，为合理和有效地运用蓄滞洪区，指导区内居民的生产、生活和经济建设，使之适应防洪的要求发挥了重要的作用，有力地促进了蓄滞洪区的建设与管理逐步实现制度化和规范化，推进了全国蓄滞洪区安全建设工作。但随着蓄滞洪区人口的增长和经济的发展，区内防洪安全设施愈显匮乏，居民的生命财产安全无保障，致使蓄滞洪区启用决策困难，决策后需转移大量居民，转移安置难度大，分蓄洪水与居民生命财产安全矛盾越来越突出。

（3）第三阶段（1998 年以后）。1998 年长江、松花江大洪水后，国家大幅度增加了防洪建设的投入力度，在进一步加强主要江河防洪工程建设的同时，以科学发展观为指导，积极调整治水思路，强调了加强防洪管理，防洪减灾战略逐步从控制洪水向洪水管理转变。按照科学发展观和和谐社会的新要求，针对蓄滞洪区的洪水风险状况和经济社会发展状况，按照新的治水思路，积极探索蓄滞洪区建设与管理的新模式。

2. 蓄滞洪区的地位与作用

（1）蓄滞洪区是江河防洪体系的重要组成部分。我国主要江河的洪水季节性强、峰高量大，而中下游河道泄洪能力相对不足，在安排修建水库、堤防和整治河道的同时，利用沿江河两岸湖泊、洼地和部分农田作为临时的行洪、滞洪场所，以缓解水库、河道蓄泄不足的矛盾，是防御大洪水或特大洪水的重要措施。

根据全国防洪规划成果，我国七大江河主要控制站设计洪峰流量与其多年平均年径流量的比值平均高达 60%，其中海河、淮河、松花江和太湖等流域比值甚至超过 100%～200%，长江、珠江等流域也高达 50%左右。由于江河洪水量级大，而其泄洪通道又都流经人口稠密的东部平原地区，河道泄洪能力往往受到一定限制，绝大多数江河控制站的设计洪峰流量都大于下游相应河道的泄流能力。七大江河发生流域防御目标洪水时，约有 8454 亿 m^3 的洪峰流量需要进行安排。即使规划的防洪河道达到设计泄洪能力，可以通过河道排泄或分泄的水量只占洪水总量的 74%，其中南方河流河道可承泄水量约占其设计洪量的 70%以上，北方河流河道承泄水量约占其设计洪量的 50%～80%；七大江河尚有 26%的超额洪水需要通过水库、湖泊、蓄滞洪区和洪泛区等拦蓄、滞蓄，其中北方河流拦蓄洪量与设计洪量的比例为 20%～50%，南方地区为 10%～30%。如长江流域在三峡工程按正常蓄水位运行后，遇 1954 年型设计目标洪水，三峡水库如按城陵矶补偿调度，城陵矶附近必须启用蓄滞洪区分蓄洪量 218 亿 m^3。淮河出现 100 年一遇洪水时，正阳关站 30d 洪峰流量达 386 亿 m^3，除水库拦蓄 155 亿 m^3 外，还需要行蓄洪区及洼地滞蓄洪量 63.0 亿 m^3。因此，七大江河的防洪要求流域必须具备一定的洪水拦蓄和滞蓄能力才能处置超额洪量和削减洪峰。但具有拦蓄洪水能力的水库大多位于上中游，而对下游洪水控制能力有限、位于泥沙问题较突出河流上的一些水库，除拦洪外，还要考虑拦沙减淤库容。因而，在流域防洪减灾体系建设中，仍要坚持按照“蓄泄兼筹”的方针，需要充分发挥水库、堤防等防洪工程的综合作用，在中下游地区设置一些能够滞蓄超量洪水的蓄滞洪区，以达到流域整体防洪标准。

多年的防洪减灾实践表明，由于受自然、经济和风险等各种条件限制，既不可能修建大量水库拦蓄全部洪水，也不可能无限制地加高堤防，必须充分发挥水库、蓄滞洪区和江河堤防等防洪工程的综合作用，蓄滞洪区将始终是我国大江大河防洪减灾体系不可缺少的重要组成部分。

（2）蓄滞洪区是人与自然和谐发展的重要体现。蓄滞洪区历史上是调蓄洪水的天然场所，但随着人口增加和经济发展，人与水争地，大量湖泊、洼地被围垦、开发，缩小了洪水宣泄的通道，洪水调蓄能力急剧降低，发生洪水时往往造成严重的损失。长期的抗洪实践使人们逐步认识到，完全消除洪灾是不可能的，人类在适当控制洪水的同时，还要有节制地开发利用土地，主动适应洪水特点，适度承担洪水风险，给洪水以出路，当发生大洪水时，主动有计划地让出一定数量的土地，为洪水提供足够的蓄泄空间，避免发生影响全局的毁灭性灾害，才能保证社会经济的可持续发展。由于我国年降雨量的时空分布严重不均、年际间变化大等原因，水资源供需矛盾十分突出。近年来，水资源短缺已成为制约我国经济社会发展的主要因素。而蓄滞洪区在保障防洪安全的同时，在改善生态环境、拦蓄洪水资源、增加水资源可利用量、为蓄滞洪区群众提供生存和发展的空间方面也具有重要作用。合理运用蓄滞洪区，在发挥其防洪减灾作用的同时，可有效改善当地水资源供需关系，为其周边地区提供重要的抗旱水源。同时，滞洪区运用后还具有调节气候、涵养水源、净化水质、维护生物多样性等环境功能，是自然生态环境的重要组成部分。1996年海河大水时，通过蓄滞洪区滞洪蓄水，有效利用了洪水资源，宁晋泊、大陆泽及周边邻近地区的地下水位抬高了6m左右，对改善当地的生态环境起到了良好的作用。由此可见，蓄滞洪区不仅是人类适应自然和保护自己的一种行之有效的防洪减灾措施，也是人与自然和谐相处，给洪水以出路的体现。

（3）蓄滞洪区是区内居民赖以生存发展的基地，也是构建和谐社会和建设社会主义新农村的重要地区。

我国蓄滞洪区均处于各流域中下游地区，人口较密集，有比较丰富的耕地资源，区内分布有不少集镇和企业，部分蓄滞洪区内还有油田、通信等大量基础设施。鉴于我国人多地少的特殊国情，蓄滞洪区内居民不可能完全迁出，蓄滞洪区依然是区内居民的安身立命之所，大部分群众仍然不能彻底脱离分洪蓄水的影响，蓄滞洪区承担着防洪和生产生活基地的双重任务，具有特殊地位。长期以来，蓄滞洪区内的经济发展水平较低，居民自救恢复能力差，由于缺乏有效的、可靠的安全保障，蓄洪运用时，转移人口数量大，严重影响社会稳定。因此，加强蓄滞洪区建设和管理、妥善处理蓄滞洪区分蓄洪水、保障居民生命安全、促进区内经济社会发展的矛盾不仅是流域防洪建设的需要，也是建设社会主义新农村、构建和谐社会的重要任务。

3. *蓄滞洪区的现状*

在新的防洪规划实施前，主要江河流域综合规划和防洪规划确定设置了97处国家蓄滞洪区，其中长江流域40处，黄河流域5处，海河流域26处，淮河流域26处，总面积3.168万km^2，总容积1098亿m^3，2004年区内总耕地172万hm^2，总人口1661万人。新的防洪规划对大江大河蓄滞洪区进行了调整，调整后我国大江大河现有蓄滞洪区93处，其中长江流域40处，黄河流域2处，海河流域28处，淮河流域20处，松花江流域2处，珠江流域1处，总面积约3.396万km^2，总容积1125亿m^3，2004年区内总耕地174万km^2，总人口1663万人。其中，由国家调度的蓄滞洪区有11处，分别为长江流域的荆江分洪区，黄河流域的北金堤，淮河流域的漂洼、城西湖蓄滞洪区，海河流域的永定河泛区、小清河分洪区、东淀、文安洼、贾口洼、团泊洼和恩县洼7处蓄滞洪区，总面积为0.86万km^2，蓄滞洪总量约218亿m^3。这些蓄滞洪区由于承担防洪蓄洪任务，长期以来，区内经济发展受到一定的限制，群众生产、生活条件比较差。尤其是20世纪60年代以来曾运用过的蓄滞洪区，群众生活仍比较困难，2004年区内居民人均GDP相当于本省平均水平的50%～65%，个别蓄滞洪区人均GDP仅为该省平均水平的18%。

另外，具有蓄滞洪区新枝的黄河下游滩区没有列入防洪规划中，黄河下游发生超过滩流量（约为3000m^3/s）以上洪水就行洪，具有很大的滞洪、沉沙作用，滞洪量约24亿m^3。滩区涉及河南、山东两省15个地（市）43个县（区），总面积3956km^2，2004年区内有耕地375万亩，人口181万人，固定资产110亿元，生产总值42亿元。

4. 蓄滞洪区运用情况

自新中国成立以来，长江、黄河、淮河、海河都发生过全流域性大洪水或特大洪水，在防洪的关键时刻，一些蓄滞洪区发挥了削减洪峰、蓄滞超额洪水的重要作用，保障了重要防洪地区的安全，为流域防洪减灾做出了巨大贡献。据统计，1950—2007年的58年中。全国蓄滞洪区曾运用468次，蓄滞洪总量为1500多亿m^3。其中，长江荆江分洪区1954年有3次开闸分洪，杜家台分洪区自1956年建成以来启用20次；黄河东平湖老湖1982年分洪1次；淮河1950—2007年共运用265次，最为频繁；海河流域有25处蓄滞洪区曾启用过，其中3处超过10次。长江流域1954年大洪水，黄河1982年大洪水，淮河的1991年、2003年和2007年大洪水，海河流域1963年大洪水时，通过这些流域蓄滞洪区的运用，确保了武汉、天津、淮南、蚌埠等重要城市和重点防洪保护区的防洪安全。

为科学调度洪水，合理补偿区内居民因分蓄洪水遭受的经济损失，2000年5月，国务院颁发了《蓄滞洪区运用补偿暂行办法》，建立了蓄滞洪区运用补偿政策，明确了蓄滞洪区运用的补偿对象、范围和标准。补偿政策实施后，国家对12处蓄滞洪区25次分洪运用后进行了运用补偿，为蓄滞洪区灾后重建、恢复生产提供了必要的扶持、救助，为蓄滞洪区的正常运用创造了有利条件。

4.6.2 蓄滞洪工程分类

(1) 我国的蓄滞洪区众多，情况各异，根据流域防洪工程体系的变化、运用的概率、分蓄洪水效果、保护地区的重要程度，蓄滞洪区分为重点蓄滞洪区、一般蓄滞洪区、蓄滞洪保留区3类。

1) 重点蓄滞洪区是指对保障流域和区域整体防洪安全地位和作用十分突出，涉及省际防洪安全、保护的地区和设施极为重要，运用概率较高，由国务院、国家防汛抗旱总指挥部或流域防汛抗旱总指挥部调度的蓄滞洪区。

2) 一般蓄滞洪区是指对保护重要支流、局部地区或一般地区的防洪安全有重要作用的，由流域防汛抗旱总指挥部或省级防汛指挥机构调度的蓄滞洪区。

3) 蓄滞洪保留区是指为防御超标准洪水设置的，运用概率很低，暂时仍需要保留的蓄滞洪区。

(2) 按照蓄滞洪工程运用时分洪方式，可将蓄滞洪区分为无控制蓄滞洪区、可控制蓄滞洪区。

1) 无控制蓄滞洪区。蓄滞洪区未建分洪闸堰，只是在进出口处降低一定长度的围堤高程，形成口门，分洪时自动漫溢溃口，或者临时扒口分洪，对分洪时间、流量、流势不能人为控制的蓄滞洪区。目前大多数蓄滞洪区为此类蓄滞洪区。

2) 可控制蓄滞洪区。在进出口处修建带有控制性的建筑物，如分洪闸或溢流堰，通过闸门的启闭和堰顶高程对分洪时间、流量等进行人为控制的蓄滞洪区，比较大的有黄河的北金堤滞洪区及长江的荆江分洪区等。

4.6.3 蓄滞洪工程组成

蓄滞洪工程组成包括周边围堤、进退水口门工程、分区运用隔堤等。

1. 堤防工程

围堤是圈定蓄滞洪区范围蓄洪时挡水的工程，建设标准是根据防洪、蓄滞洪任务，保护对象的重要程度，失事后造成的危害与损失大小，在防洪工程体系统一规划中确定的。其地位重要，对失事后会造成极大危害的堤防其等级和标准宜适当提高。

大的蓄滞洪区，为针对不同量级洪水灵活调度运用，可建隔堤分隔为几个区，分区使用，避免小水大淹。

2. 进退水口门工程

进退水口门工程是为防洪调度，较好地控制分、退洪时机和流量而建的工程设施。常见的口门有分洪闸、退水闸、固定分洪口门等形式。

蓄滞洪区使用概率较高、地位重要，或分洪量不大、有综合利用功能的，一般需要建分洪闸。例如，长江荆江分洪闸（北闸），运用概率约10年一遇；淮河流域的老王坡、老汪湖，运用概率只有3～5年一遇，建闸控制，分洪可靠性高，且可避免经常扒口及汛后堵复工作。

对使用机会小且分洪流量较大的蓄滞洪区，如30～50年才分洪运用一次的，往往采用裹头等简单的一个或多口门形式，采用多口分洪，可适应不同量级分蓄洪水要求。

对于蓄滞洪量较小的分洪区，可以采用溢流堰的口门形式，当河道洪水位达到分洪水位时可自然漫溢。例如，海河流域的永定河泛区，主槽两侧分布多个以小捻分割的小区，各小区均采取溢流堰形式，洪水到达分洪水位自行漫溢，可保证分洪目标的实现；长江流域的沿江、沿湖，采取“单退”，且面积较小的圩垸，一般均采取此种形式。

第5章

防　汛　组　织

第1节　组　织　机　构

5.1.1　组织体系

防汛工作实行“安全第一、常备不懈、以防为主、全力抢险”的方针，遵循团结协作和局部利益服从全局利益的原则。防汛抗洪是一项综合性很强的工作，需要动员和调动各部门、各方面的力量，分工合作、同心协力、共同完成。

1. 防汛组织原则

防汛抗洪工作实行各级人民政府行政首长负责制，统一指挥，分级、分部门负责，各有关部门实行防汛岗位责任制。

2. 防汛组织机构

《中华人民共和国防洪法》《中华人民共和国防汛条例》规定，国务院设立国家防汛指挥机构，负责领导、组织全国的防汛抗洪工作，其办事机构设在国务院水行政主管部门。在国家确定的重要江河、湖泊可以设立由有关省、自治区、直辖市人民政府和该江河、湖泊的流域管理机构负责人等组成的防汛指挥机构，指挥所管辖范围内的防汛抗洪工作，其办事机构设在流域管理机构。

省、市、县（市、区）人民政府应分别设立由有关部门、当地驻军、人民武装部负责人等组成的防汛抗旱指挥部，在上级防汛指挥机构和本级人民政府的领导下指挥本行政区域的防汛抗旱工作，其常设办事机构设在同级水行政主管部门，具体负责防汛指挥机构的日常工作。防汛指挥机构各成员单位，按照分工，各司其职，做好防汛抗洪工作。经设区市人民政府决定，可以设立设区市的城市市区防汛办事机构，在同级防汛抗旱指挥部的统一领导下，负责设区市的城市市区防汛抗旱日常工作（图5.1）。

江苏省防汛抗旱组织体系：指挥由省政府分管副省长担任；副指挥由省军区副司令员、省政府副秘书长、水利厅厅长、武警江苏省总队副司令员等担任；秘书长由水利厅副厅长担任；成员单位包括省委宣传部、省发展改革委、经信委、公安厅、民政厅、财政厅、自然资源厅、住房和城乡建设厅、交通厅、水利厅、农林厅、卫生厅、环保厅、海洋与渔业局、供销社、农机局、气象局、通信管理局、南京铁路办事处，省电力公司、中石化江苏分公司和省军区、省武警总队等。

联防指挥部：江苏省主要有骆马湖联防指挥部、淮河下游联防指挥部、太湖流域联防指挥部、秦淮河联防指挥部等四个。江苏省防汛抗旱指挥部按流域派出的防汛抗旱指挥机构，由省水利厅、所在流域省辖市及相关单位领导组成，协助省防汛抗旱指挥部负责所在流域的防汛抗旱准备、水旱灾害应急处理和灾后处置等指挥协调工作。

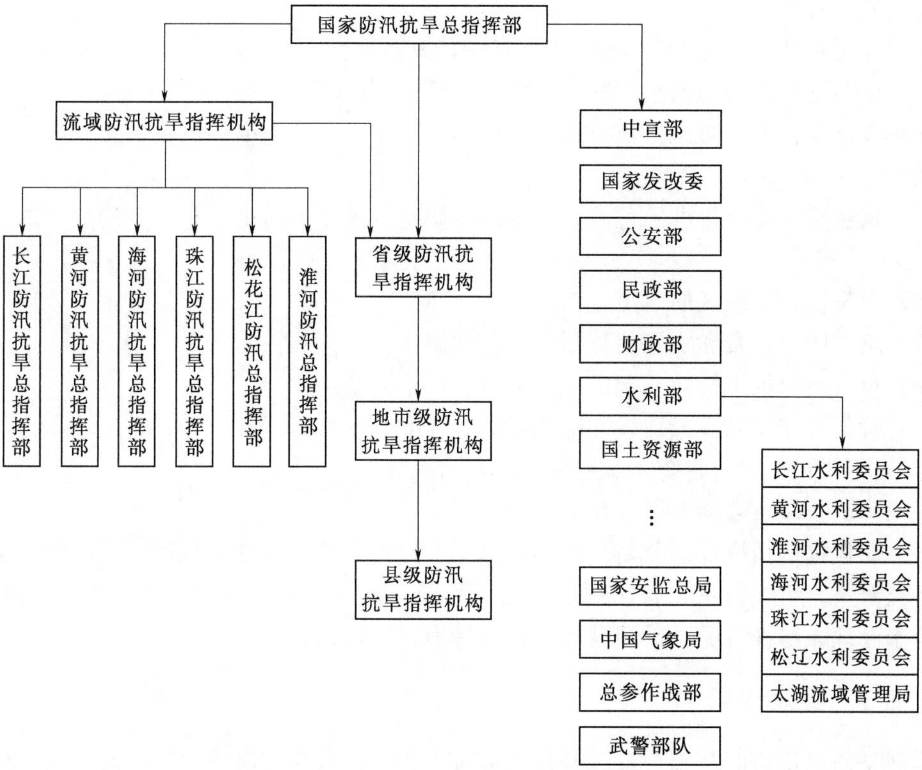

图5.1 防汛抗旱结构框图

5.1.2 工作职责

各级人民政府行政首长、防汛抗旱指挥部及各有关防汛组织具有相应的防汛职责。

1. 地方各级人民政府行政首长主要职责

（1）负责组织制订本地区有关防洪的政策性、规范性文件，做好防汛宣传和思想动员工作，组织全社会力量参加抗洪抢险。

（2）负责建立健全本地区防汛指挥机构及其常设办事机构。

（3）按照本地区的防洪规划，广泛筹集资金，多渠道增加投入，加快防洪工程建设，不断提高防御洪水的能力。

（4）负责制订本地区防御洪水和防御台风方案。

（5）负责本地区汛前检查、险工隐患的处理、清障任务的完成、应急措施的落实，做好安全度汛的各项准备工作。

（6）贯彻执行上级重大防汛调度命令并组织实施。

（7）负责安排解决防汛抗洪经费和防汛抢险物资。

(8) 组织各方面力量开展灾后救助工作，恢复生产，修复水毁工程，保持社会稳定。

2. 县级以上地方人民政府防汛抗旱指挥部主要职责

(1) 在上级防汛抗旱指挥部和本级人民政府的领导下，统一指挥本地区的防汛抗洪工作，协调处理有关问题。

(2) 部署和组织本地区的汛前检查，督促有关部门及时处理影响安全度汛的有关问题。

(3) 按照批准的防御洪水方案，落实各项措施。

(4) 贯彻执行上级防汛指挥机构的防汛调度指令，按照批准的洪水调度方案，实施洪水调度。

(5) 依法清除影响行洪、蓄洪、滞洪的障碍物以及影响防洪工程安全的建筑物及其他设施。

(6) 负责发布本地区的汛情、灾情通告。

(7) 负责防汛经费和物资的计划、管理和调度。

(8) 负责组织抗洪抢险，调配抢险劳力和技术力量。

(9) 督促蓄滞洪区安全建设和应急撤离转移准备工作。

(10) 组织汛后检查、防汛工程水毁修复情况等。

3. 各级防汛抗旱指挥部办公室职责

各级防汛抗旱指挥部办公室是各级防汛抗旱指挥部的常设办事机构，其职责是掌握信息、研究对策、组织协调、科学调度、监督指导，应做到机构健全、人员精干、业务熟悉、善于管理、指挥科学、灵活高效、协调有力、装备先进。

5.1.3　群众组织

群众是防汛抢险的基础力量，是以当地劳力为主，吸收有防汛抢险经验的人员组建而成的不同类别的抢险队伍，一般可分为以下几类。

(1) 常备队是防汛抢险的基本力量，人数比较多，由水库、堤防、水闸等防洪工程附近的乡（镇）居民中青壮年组成。常备队组织要健全，汛前登记造册编成班、组，要做到思想、工具、物料、抢险技术四落实。汛期按规定到达各防守位置，分批次巡逻。另外，在库区、滩区、滞洪区也要成立群众性的转移救护组织，如救护组、转移组、留守组等。

(2) 预备队是防汛的后备力量，当防御较大洪水或紧急抢险时，为补充加强常备队的力量而组建的。预备队所要求的人员条件和距离范围更宽一些，可以扩大到距离水库、堤防、水闸较远的县、乡（镇），但要落实到户到人。

(3) 抢险队是为防洪工程在汛期出险而专门组织的抢护队伍，是在汛前从群众防汛队伍中选拔有抢险经验的人员组成。当水库、堤防、水闸工程发生突发险情时，抢险队员配合专业队伍投入抢险。这种突击性抢险关系到防汛的成败，既要迅速及时，又要组织严密、指挥统一。

第2节　应　急　队　伍

《国务院办公厅关于加强基层应急队伍建设的意见》（国办发〔2009〕59号）、《中共

中央 国务院关于加快水利改革发展的决定》（中发〔2011〕1号）以及2011年中央水利工作会议精神，明确要求加快防洪抗旱减灾体系建设，建立专业化与社会化相结合的防汛抗旱应急抢险救援队伍、着力推进县乡两级防汛抗旱服务组织建设等。2011年国家防汛抗旱总指挥部副总指挥长、水利部部长陈雷在全国防汛抗旱工作会议上指出，要通过5年时间，建成包括国家级、省级（流域）、地市级、县级和乡镇及以下共5个层次的防汛抗旱应急队伍体系，将防汛抗旱组织机构延伸到乡镇村组，在水旱灾害严重地区建立乡镇、社区等基层防汛抗旱组织，同时建立专业化与社会化相结合、地方与军队武警相结合、防汛与抗旱相结合的应急抢险救援队伍，努力建设以国家级队伍为龙头、省级为重点、县乡和群众组织为基础的多层次防汛抗旱抢险队伍体系，基本形成统一指挥、协调有序、运转良好、保障有力的防汛抗旱抢险队伍格局，使应急抢险救援能力基本满足本区域和重点部位突发水旱灾害事件应对工作需要，为最大限度地减少人员财产损失、维护国家安全和社会稳定提供有力保障。目前各级防汛抢险队伍是防汛抗旱应急队伍的主要力量。

5.2.1 国家级防汛抢险队伍

2009年，党中央、国务院、中央军委作出将武警水电、交通部队纳入国家应急救援力量体系的重大决策，充分依托解放军和武警部队力量，发挥军队非战争军事行动能力。目前，我国已建立的解放军19支抗洪抢险专业部队和武警水电部队为国家级防汛抢险队伍，是抗洪抢险的主力军和突击队，承担国内或区域特别重大、重大洪涝险情灾情的排除控制，堵复水库堤防决口，抢修重要防洪设施，解救、转移或疏散受洪水围困人员，参与灾后救助等。

国家级抢险队伍的建设重点，是维持现有队伍基本规模，通过优化力量布局、补充设备数量、提升装备水平、增强机动能力、强化培训演练、完善保障机制等措施全面提升队伍抢险救灾能力。

5.2.2 省级（流域）防汛抢险队伍

省级防汛抢险队伍是省（自治区、直辖市）内防汛抢险的常规和基本力量，是五级体系中的重点环节。主要承担省（自治区、直辖市）范围内较大及以上洪涉险情灾情的抢护控制、受困人员转移等。省级防汛机动抢险队的建设，应在原有省级防汛机动抢险队伍的基础上，或者依托省级水利工程施工单位，协同省武警总队或驻地解放军、民兵预备役共同组建。目前江苏省级有3支，分别为江苏省防汛机动抢险队、江苏省防汛机动抢险二队和江苏省防汛机动抢险三队。省级防汛抢险队主要承担专业性强、技术含量高的抢险任务，武警部队或驻地解放军、民兵预备役抢险队主要发挥设备和人员优势，承担抢险和人员转移等任务，达到军地队伍优势互补、协同配合、共同推进。

5.2.3 地（市）级防汛抢险队伍

地（市）级防汛抢险队伍应根据地方实际需要组建，可建专业性抢险队伍，也可依托驻地部队、武警力量建设，主要承担城市范围内防汛抢险和受困人员转移等任务。当地市级防汛抢险队伍不能胜任抢险任务时，应及时报告省级防汛抢险队伍，请求支援。目前江苏地（市）级有8支防汛抢险队伍。

5.2.4 县级防汛抢险队伍

县级队伍是基层防汛抗旱抢险的主要力量。应在现有防汛抢险队和抗旱服务队基础上，补充必要的防汛抗旱装备，实现“两队一库”整合，建设兼具防汛抢险和抗旱救灾能力的抢险队伍，有汛防汛、有旱抗旱。县级队伍应以专业技术人员为主，可吸收驻地部队、武警参加，承担县域范围一般或较大洪涝险情灾情的抢护、人员转移、拉水送水以及其他应急抗旱减灾等任务。

5.2.5 乡镇及以下抢险队伍

按照《国务院办公厅关于加强基层应急队伍建设的意见》（国办发〔2009〕59号），乡镇及以下基层群众防汛抗旱应急队伍建设应由街道、乡镇基层政府组织企事业单位、预备役人员、水管站人员、村民等组成，并可充实应急志愿者队伍，统一组织，各展所长，协助做好汛期巡堤查险、险情抢护、转移人员组织和旱期保障饮水安全等工作。

第3节 物 资 储 备

物资储备是指为抢护可能发生的各类险情而储存备用的物料、器械、设备和车辆等。为支持全国防汛抗旱减灾工作，保障抗洪抢险和抗旱减灾物资急需，截至目前，国家防办先后在27个地区设立了29处中央防汛抗旱物资仓库。这些仓库靠近大江大河防汛重点地区、重点防洪城市、干旱易发区和商品粮主产区，交通方便、调运快捷、辐射面广，具备较好的仓储条件、较完善的管理机构和制度。大多数省、市、县也为防汛抗旱应急抢险建立了相应的地方救灾物资储备库。

5.3.1 物资储备库

物资储备库一般可分为室外和室内两种。

（1）室外物资储备库一般设置在水利工程附近，用于储备不易风化水毁的建筑类材料，如泥土、黄砂、卵石、块石等。

（2）室内物资储备库用以储存容易被风化腐蚀的工具、材料、设备和设施，包括编织袋、覆膜编织布、防管涌土工滤垫、围井围板、快速膨胀堵漏袋、橡胶子堤、吸水速凝挡水子堤、钢丝网兜、铅丝网片、橡皮舟、冲锋舟、嵌入组合式防汛抢险舟（艇）、救生衣、管涌检测仪、液压抛石机、抢险照明车、应急灯、打桩机、汽柴油发动机、救生器材等。

5.3.2 物资储备管理

1. 物资储备原则

防汛物料应本着“宁可备而不用、不可用而无备”的原则，以足额储备实物的方式进行储备；要遵循“安全第一、常备不懈、以防为主、全力抢险”和“讲究实效、定额储备”的方针进行防汛物料的储备。有时为了防御超标准洪水，弥补常备防汛物料的不足，通常也需要利用商业、供销等方式进行储备，以满足防汛抢险的需要。

2. 完善管理制度

物资储备库应有专人管理，对于防汛物料的管理应完善健全岗位职责制度，如物资验收与发放、日常维护与保养、日常巡查、安全消防、资料建档、运输、保管、交接、报废等各项制度，并采取积极有效的措施保证各项制度落实到岗、落实到人。

3. 防汛物料验收与发放

验货时要仔细核对运送单据中防汛物料的数量、规格和质量，认真检查并做好相关记录。物料发放时要审核领料手续，仔细清点发货规格、数量，做到发货后及时登记记账。在物料验收及发放时，发现问题应及时处理，特别是紧急调用的防汛物料，更应现场交验，做到准确无误。

防汛物料本着“先近后远、满足急需、先主后次”的原则使用，常备物料的使用本着快速、灵活、实用的原则，由当地防汛部门根据险情的大小、抢护方法及时填写物资调拨清单，同级防汛指挥部批准后使用。如果本辖区内所备物料不能满足防汛抢险需要时，当地防汛指挥部应及时向上级防汛指挥部请示，调拨本辖区以外的防汛物料，以满足抢险需求。

4. 防汛物料的保养

库区规划布局应合理、堆垛有序、标记明显，库存设备有合格证、说明书。库内物料按“四号定位、五五摆放”（四号即库号、架号、层号、位号，五五即五五成行、五五成方、五五成串、五五成堆、五五成层）的方法，分区、分类、合理存放。对库区的防汛物料应进行经常化、科学化保养，做到无锈蚀、无霉烂变质、无损坏。及时盘点仓库，更新过期的防汛物料，做到账、卡、物相符。要搞好仓库内的卫生，保持仓库整洁，及时检查仓库电路、门窗，防止易燃物品入库，做好防火、防盗工作，确保防汛物料存放的安全、完整。露天存放的物料做到分区、分类、整齐划一。

5. 物资的报废与更新

防汛物料有的具有明显的使用年限，当其过了存放年限后，就必须申请报废；否则将影响抢险效果。每年汛后应对本单位仓储内的防汛物料进行系统、全面地查看和清理，及时与账、卡、物相对照，统计出需更新、补充的防汛物料的种类和数量，以便进行更新和补充。对于报废、报损鉴定的防汛物料要及时处理，并形成制度化，定期检查，定期补充，确保防汛物料储备的数量和质量。

第4节 防汛主要工作

防汛工作是一项常年的任务，当年防汛工作的结束，就是次年防汛工作的开始。防汛工作大体可分为汛前准备、汛期工作和汛后工作3个部分。

5.4.1 汛前准备

每年汛前，在各级防汛抗旱指挥部领导下做好各项防汛准备是夺取防汛抗洪斗争胜利的基础。主要的准备工作有以下几项。

5.4.1.1 思想准备

防汛工作涉及面广，需要各有关部门的共同参与。每年汛前，各级政府和防汛抗旱指挥部都必须召开专门的防汛工作会议，对防汛工作进行全面部署。各级防汛机构要结合部署防汛工作，大力宣传防汛抗灾的重要意义，新闻媒体广泛宣传防汛抗洪的有关方针政策，以及本地区特殊的多灾自然条件特点，充分强调做好防汛工作的重要性和必要性，克服麻痹侥幸心理，树立“防重于抢”的思想，做好防大汛、抢大险、抗大灾的思想准备。

5.4.1.2 组织准备

防汛是动员组织全社会的人力和物力防止和抗御洪涝灾害，必须要有健全而严密的组织系统。防汛指挥机构是一个综合协调的参谋机构，按照《中华人民共和国防洪法》《中华人民共和国防洪条例》的规定，有防汛任务的县级以上地方人民政府必须设立由有关部门、当地驻军、人民武装部负责人等组成的防汛指挥机构，领导指挥本地的防汛抗洪工作。

每年汛前，各地要根据防汛指挥机构部门人员的变化情况，对防汛指挥机构进行调整，以政府印发落实。同时，各级防汛指挥机构还要根据防汛工作的实际需要，对防汛指挥机构中的各部门职责任务进行明确，下发文件执行。

建立健全防汛指挥机构和常设办事机构，实行以行政首长负责制为核心的分级管理责任制、分包工程责任制、岗位责任制、技术责任制、值班工作责任制等。落实专业性和群众性的防汛抢险队伍。

5.4.1.3 防汛预案准备

1. 编制防汛预案应遵循的基本原则

基本原则：贯彻行政首长防汛负责制；以防为主，防抢结合；全面部署，保证重点；统一指挥，统一调度；服从大局，团结抗洪；工程措施和非工程措施相结合；尽可能调动全社会积极因素。

各省（自治区、直辖市）、市、县的省长、市长、县长对所辖区的防汛预案实施负总责。

防汛有关的各部门既要做好本部门的防汛工作，又要按照各级防汛指挥部的统一部署和《防汛条例》的有关规定，各司其职，各负其责，做好防汛预案中规定的准备和实施工作。

防汛预案应密切结合防洪工程现状、社会经济情况，因地制宜地进行编制，并在实施过程中根据情况的变化不断进行修订，并具有实用性和可操作性。

2. 编制范围和审批权限

根据《中华人民共和国防汛条例》第十一条的规定，有防汛任务的县级以上人民政府，应当根据流域综合规划、防洪工程实际状况和国家规定的防洪标准，制订防御洪水方案（包括对特大洪水的处置措施）。

长江、黄河、淮河、海河的防御洪水方案，由国家防汛总指挥部制订，报国务院批准后施行；跨省、自治区、直辖市的其他江河的防御洪水方案，有关省、自治区、直辖市人民政府制定后，经有管辖权的流域机构审查同意，由省、自治区、直辖市人民政府报国务院或其授权的机构批准后施行。

有防汛抗洪任务的城市人民政府，应当根据流域综合规划和江河的防御洪水方案，制订本城市的防御洪水方案，报上级人民政府或其授权的机构批准后施行。

3. 编制的主要内容

防汛预案按灾害形式可分为防御洪水预案、防御山地（山洪、泥石流、滑坡等）灾害预案、防御冰凌预案、防御台风暴潮灾害预案、突发灾害应急预案等。各地可根据当地存在的主要灾害种类编制一种或几种防汛预案。

一个完整的防汛预案应包括当地和防护对象基本情况的描述，防、抗、抢、救诸方面的措施，以及方案实施所必需的保障条件等。以防御洪水预案为例，简述如下。

（1）概况。为方便领导决策，对流域或区域内的基本情况进行简要描述。

1）自然地理、气象、水文特征。

2）区内社会经济状况，如耕地、人口、城镇、重要设施、资产、产值等。

3）洪水特征。历史大洪水情况、淹没范围、灾害损失；对防洪不利的各种类型洪水及洪水特征；各典型年不同频率设计洪水特征，洪峰水位、流量、洪量、历时等。现有防洪工程的防洪标准和能力；重点防洪保护对象及其防洪能力。

（2）洪水风险图。根据现有防洪工程的防洪标准和重点防护对象的防洪能力，对可能成灾的范围进行分析，绘制洪水风险图。

（3）洪水调度方案。根据各级典型洪水的频率、洪峰、洪量，结合现有防洪工程的防洪标准、防洪能力及调度原则，确定河道、堤防、水库、闸坝、蓄滞洪区的调度运用方案。对水库按照防洪调度规则、操作规程和泄水建筑物的运用程序，结合上下游河道的蓄滞洪区和湖泊的洪水调度方案，制订水库的各级洪水的优化调度方案，制订分滞洪区分洪运用的具体方案及人员转移与安置方案，洪水调度要按照"以泄水为主、蓄泄兼施"的原则，合理安排洪水的蓄滞和排泄。在调度方案中既要充分发挥每个工程的作用，又要通过优化配置、有机组合、联合调度，发挥防洪工程体系和非工程措施的整体优势。

（4）防御超标准洪水方案。防洪工程的标准是一定的，对防洪标准以内的洪水要确保安全，对超标准洪水要尽可能地降低危害和减少损失。对超标准洪水，在已经充分使用了现有河道的排洪能力，水库、湖泊的调蓄能力，蓄滞洪区的分蓄能力后，还不能解除洪水威胁的情况下，要制订非常分蓄洪措施，确定应急分洪方案和人员转移安置方案，把灾害损失减至最低限度，此方案要着重分析遇超标准洪水时在何时何地分洪损失最小。

（5）实施方案。包括暴雨洪水的监测、水文情报预报、通信预警、工程监视、防护抢险、蓄洪滞洪、人员转移安置、救灾防疫、水毁修复等，均要有各自的具体操作方案。

如防洪工程抢险，抢险队伍、人员组织；是否需要动用部队抢险；抢险物料的储存、调运方式和路线；各种险情的不同抢险对策等，都要事先确定，以防届时有人无料、有料无人或不知如何抢护。

（6）保障措施。为了使调度方案和实施方案能顺利进行，必须有一定的保障条件和措施，主要有：明确行政首长职责，各部门防洪职责，防汛岗位责任制，防汛指挥机构及必要的指挥手段和条件，防汛抢险队伍，防汛料物储备，紧急情况下对车船等运输工具、料物等临时征用的权利，对道路、航道的强行管制乃至对灾区实施紧急状态等，都要予以明确规定，予以必要的保障。

5.4.1.4 工程准备

各类水利工程设施是防汛抗洪的重要物质基础。由于受大自然和人类活动的影响，水利工程的工作状况会发生变化，抗洪能力会有所削弱，如汛前未能及时发现和处理，一旦汛期情况突变，往往会造成大的损失。因此，每年汛前要对各类防洪工程进行全面检查，以便及时发现薄弱环节，采取措施，消除隐患。对影响安全的问题，要及时加以处理，使工程保持良好状态；对一时难以处理的问题，要制订安全度汛方案，确保水利工程安全度汛。

5.4.1.5 气象与水文工作准备

气象、水文是防汛抗洪的耳目。及时、准确的气象信息和水文信息是防汛指挥决策和组织抗洪抢险救灾的关键条件。各级防汛指挥部门要落实监测责任体系；气象部门和水文部门应按防汛部门要求提供气象信息和水文情报。水文部门要检查各报汛站点的测报设施和通信设施，确保测得准、报得出、报得及时。

5.4.1.6 通信设施准备

通信联络是防汛工作的生命线，通信部门要保证在汛期能及时传递防汛信息和防汛指令。各级防汛部门间的专用通信网络要畅通，并要完善与主要堤段、水库、滞蓄洪区及有关重点防汛地区的通信联络。

5.4.1.7 防汛物资和器材准备

防汛物资实行分级负担、分级储备、分级使用、分级管理、统筹调度的原则。省级储备物资主要用于补助流域性防洪工程的防汛抢险，市、县级储备物资主要用于本行政区域内防洪工程的防汛抢险。有防汛抗洪任务的乡镇和单位应储备必要的防汛物资，主要用于本地和本单位防汛抢险，并服从当地防汛指挥部的统一调度。常用的防汛物资和器材有块石、编织袋、麻袋、土工布、土、砂、碎石、水泥、木材、钢材、铅丝、油布、绳索、炸药、挖抬工具、照明设备、备用电源、运输工具、报警设备、救生设备、运输工具等。

汛前要对防汛砂石料场、防汛木材、铅丝等器材仓库逐个盘查。检查所备物料品种是否齐全，数量定额是否达标，储放分布是否合理，调运计划是否落实；要对照明、救生、机械设备等进行检修和测试；堤防应备好预备土料和划定取土区。

5.4.1.8 行蓄滞洪区运用准备

对已确定的行蓄滞洪区，各级防汛抗旱指挥部要对区内的安全建设，通信、道路、预警、救生设施和居民撤离安置方案等进行检查并落实。

5.4.2 防汛责任制度

各级防汛抗旱指挥部要建立健全分级管理责任制、分包工程责任制、岗位责任制、技术责任制、值班工作责任制。

1. 分级管理责任制

根据水系以及堤防、闸坝、水库等防洪工程所处的行政区域、工程等级和重要程度以及防洪标准等，确定省、市、县各级管理运用、指挥调度的权限责任，实行分级管理、分级负责、分级调度，落实分级管理责任制。

2. 分包工程责任制

为确保重点地区和主要防洪工程的度汛安全，各级政府行政负责人和防汛指挥部领导成员实行分包工程责任制。对于分部门承担的防汛任务和所辖防洪工程实行部门责任制，如分包水库、分包河道堤段、分包蓄滞洪区、分包地区等。

3. 岗位责任制

汛期管好用好水利工程，特别是防洪工程，对减少灾害损失至关重要。工程管理单位的业务部门和管理人员以及护堤员、巡逻人员、抢险人员等要制定岗位责任制，明确任务和要求，定岗定责，落实到人。岗位责任制的范围、内容、责任等都要做出明文规定，严格考核。

4. 技术责任制

在防汛抢险中要充分发挥技术人员的技术专长，实现优化调度，科学抢险，提高防汛指挥的准确性和可行性。凡是有关预测预报、制订调度方案、评价工程抗洪能力、采取抢险措施等有关防汛技术问题，应由各专业技术人员负责，建立技术责任制。关系重大的技术决策，要组织相当技术级别的人员进行咨询，博采众长，以防失误。预测预报、制订调度方案、评价工程抗洪能力、采取抢险措施等有关防汛技术问题，应由各专业技术人员负责，建立技术责任制。

5. 值班工作责任制

汛期容易突然发生暴雨洪水、台风等灾害，而且防洪工程设施在自然环境下运行，也会出现异常现象。为预防不测，各级防汛机构均应建立防汛值班制度，使防汛机构及时掌握和传递汛情，加强上下联系，多方协调，充分发挥枢纽作用。汛期值班人员的主要责任如下。

(1) 了解掌握汛情。汛情一般包括雨情、水情、工情、灾情。具体要求如下。

1) 雨情、水情：按时了解实时雨情、水情实况和气象、水文预报。

2) 工情：当雨情、水情达到某一量值时，要主动向所辖单位了解河道堤防、水库、闸坝等防洪工程的运用、防守、是否发生险情及处理情况。

3) 灾情：主动了解受灾地区的范围和人员伤亡情况以及抢救措施。

(2) 按时报告、请示、传达。按照报告制度，对于重大汛情、灾情要及时向上级汇报；对需要采取的防洪措施要及时请示批准执行；对授权传达的指挥调度命令及意见，要及时准确传达。

(3) 熟悉所辖地区的防汛基本资料和主要防洪工程的防御洪水方案的调度计划，对所发生的各种类型洪水要根据有关资料进行分析研究。

(4) 对发生的重大汛情等要整理好值班记录，以备查阅并归档保存。

(5) 严格执行交接班制度，认真履行交接班手续。

(6) 做好保密工作，严守机密。

5.4.3 汛期巡查

汛前对防洪工程进行全面仔细的检查，对险工、险段、险点部位进行登记；汛期或水位较高时，要加强巡检查险工作。检查一般分为日常巡查和重点检查。

1. 日常巡查

日常巡查即要对可能发生险情的区域进行普遍的查看，做到“徒步拉网式”巡查，不漏疑点。要把对工程的定时检查与不定时巡查结合起来，做到“三加强、三统一”，即加强责任心，统一领导，任务落实到人；加强技术指导，统一填写检查记录的格式，如记述出现险情的时间、地点、类别，绘制草图，同时记录水位和天气情况等有关资料，必要时应进行测图、摄影和录像，甚至立即采取应急措施，并同时报上一级防汛指挥部；加强抢险意识，统一巡查范围、内容和报警方法。

2. 重点检查

重点检查即重点对汛前调查资料中所反映出来的险工、险段，以及水毁工程修复情况进行检查。重点检查要认真细致，特别注意发生的异常现象，科学分析和判断，若为险情，要及时采取措施，组织抢险，并按程序及时上报。

3. 检查的范围

检查的范围包括堤坝主体工程、堤（河）岸，背水面工程压浸台，距背水坡脚一定范围内的水塘、洼地和水井，以及与工程相接的各种交叉建筑物。检查的主要内容包括是否有裂缝、滑坡、跌窝、洞穴、渗水、塌岸、管涌（泡泉）、漏洞等险情发生。

4. 检查的要求

检查必须注意“五时”，做到“四勤”“三清”“三快”。

(1) 五时：即黎明时、吃饭时、换班时、黑夜时、狂风暴雨交加时，这些时候往往最容易疏忽忙乱，注意力不集中，险情不易判查，容易被遗漏，特别是对已经处理过的险情和隐患，更要注意复查，提高警惕。

(2) 四勤：即勤看、勤听、勤走、勤做。

(3) 三清：即险情要查清、信号要记清、报告要说清。

(4) 三快：即发现险情要快，处理险情要快，报告险情要快。

以上几点即要求及时发现险情，分析原因，小险迅速处理，防止发展扩大，重大险情立即报告，尽快处理，避免溃决失事，造成严重灾害。

5. 巡查的基本方法

巡查的主要目的是发现险情，巡查人员必须做到认真、细致。巡查时的主要方法也很简单，可概括为“看、听、摸、问”4个字。

(1) 看：主要查看工程外观是否与正常状态出现差异。要查看工程表面是否出现缝隙，是否发生塌陷坑洞，坡面是否出现滑挫等现象；要查看迎水面是否有旋涡产生，迎水坡是否有垮塌；要查看背水坡是否有较大面积湿润、背水坡和背水面地表是否有水流出，背水面渠道、洼地、水塘里是否有翻水现象，水面是否变浑浊。

(2) 听：仔细辨析工程周围的声音，如迎水面是否有形成旋涡产生的“嗡嗡”声，背水坡脚是否有水流的“潺潺”声，穿堤建筑物下是否有射流形成的“哗哗”声。

(3) 摸：当发现背水坡有渗水、冒水现象时，用手感觉水温，如果水温明显低于常温，则表示该水来自外江水，此处必为险情；用手感觉穿堤建筑物闸门启闭机是否存在震动，如果是，则闸门下可能存在漏水等险情。

(4) 问：因地质条件等原因，有时险情发生的范围远超出一般检查区域，因此，要问询附近居民，农田中是否发生冒水现象、水井是否出现浑浊等。

5.4.4 险情判断

发生险情后，防汛指挥部应组织专家进行险情判断。这对抢险工作非常重要。首先根据险情发生征状以及出险处的地质勘探资料、施工竣工图，分析险情发生的原因；其次预估险情发展可能产生的后果；再次结合出险地点的人力、物资、交通、通信情况，提出抢险方案；最后由防汛指挥部指挥决定抢险方案和预案。

5.4.5 组织抢险

防汛指挥部根据防汛方案，迅速向抢险队伍、物资保障等相关单位下达任务，有组织、有计划、有步骤地进行抢险。当险情出现变化，一种情况是在预料之中的，迅速采取备用方案；另一种是出现了预料之外的情况，应迅速组织专家进行研判，拿出新方案，解决抢险过程中出现的新问题，直至险情解除。

5.4.6 汛后工作

汛期高水位时水利工程局部特别是险工、险段处或多或少会发生一些损坏，这些损坏处在水下，不易被发现，经历一个汛期，汛后退水期间，这些水毁处将逐渐暴露出来，有时因退水较快，还可能出现临水坡岸崩塌等新的险情。为全面摸清水利工程险工隐患，调查水利工程的薄弱环节，必须开展汛后检查工作。汛后检查工作应包括以下几个方面的内容。

1. 工程检查

(1) 要重点检查汛期出险部位的状况。

(2) 要对水利工程进行一次全面的普查，特别是重点险工和险段处。

(3) 要做好通信及水文设施的检查工作。详细记录险情部位的相关资料，分析险情产生的原因，形成险情处置建议方案。

2. 防汛预案和调度方案修订

比对实施的防汛预案和调度方案，结合汛期实际操作情况，完善和修订下年度的防汛预案和调度方案。

3. 汛情总结

全面总结汛期各方面工作，包括当年洪水特征、洪涝灾害情况，形成原因，发生与发展过程等，发生险情情况、应急抢护措施，洪水调度情况、救灾中的成功经验与教训等。

4. 工程修复

结合秋冬水利建设项目制订水毁工程除险修复方案，安排或申报除险修复工程计划，经上级主管部门批准，设计院施工图设计完成后，按基本建设程序落实施工单位，在翌年汛前完成除险修复工程任务。

5. 其他工作

其他各方面的工作，如清点核查防汛物资，对防汛抢险所耗用和过期变质失效的物料、器材及时办理核销手续，并增储补足。

第 6 章

洪涝灾害统计与评估

第 1 节　洪涝灾害统计与上报

6.1.1　洪涝灾害概述

灾害的种类众多。本节主要讨论洪涝灾害。洪涝灾害主要分为洪、涝、渍等灾害。

1. 洪灾

狭义的洪灾通常指江河湖泊或山溪干沟中暴发的洪水，因其较大的水深和流速而引发的淹没、冲淘和淤积过程给人类造成生命财产损失等灾害。随着社会的发展进步，人们又将认识灾害的眼光扩大至对生存环境和生态环境的影响。

广义的洪灾则将发生地域扩大至沿海（风暴潮），并将水流活动扩大为冰水两相流（冰凌洪水）和水沙（石）两相流（泥石流）。这样，洪灾按其成因可分为以下四类。

（1）雨洪灾害。雨洪灾害是指降雨过多引发洪水造成的灾害。

小流域的雨洪灾害通常为短历时暴雨所引发，在山区往往表现为山洪暴发。中等流域的雨洪灾害则往往是一次较大面积的暴雨所引发。大江大河的雨洪灾害一般需要流域内大面积暴雨洪水叠加造成。

（2）泥石流灾害。泥石流是山坡表层风化物因短历时暴雨而严重浸润水分后，在重力和水的共同作用下沿较陡斜坡快速运动，终止于缓坡地带的泥沙、石块和水的混合流（运）动。

泥石流有别于高含沙水流的主要一点是其固体物质靠自身重力和水（浸润和流动）的共同作用运动，而高含沙水流中的泥沙是以水为载体，主要靠水力运动。

泥石流因其暴发突然，水和砂石骤下，来势凶猛，往往给沿途村屯、农田造成毁灭性的灾害。泥石流成灾范围比暴雨洪水小，但人员、房屋和财产的损失相对较大。

（3）冰凌洪水灾害。冰凌洪水灾害是严寒地区河流在冰期由于水、冰（冰花、冰块）相互影响和共同作用下形成冰坝、冰塞造成的洪水灾害，它不但具有雨洪形式的淹没灾害，还兼有冰块爬高和冲撞以及冰水浸泡产生的灾害。

（4）风暴潮灾害。风暴潮灾害是沿海地区强气旋系统、大潮或持续大风引发的高潮位、狂风巨浪造成的灾害；有时还与河口受顶托的暴雨洪水共同造成灾害。按风暴类型可将风暴潮分为台风暴潮和温带风暴潮。

风暴潮发生时若正值天文大潮，则会加剧灾害的程度，不仅潮位更高，形成的波浪也更大。

此类灾害有别于其他洪灾之处在于成灾源于海水，且有巨浪（波高可超过8m）。河口段的暴雨洪水若受海水倒灌顶托，可形成较大范围淹没灾害。

2. 涝渍灾害

农田长期积水对作物造成的减产或绝收灾害谓之涝渍灾害。积水高出地面成灾为涝灾，积水低于地面成灾为渍灾。在盐碱区则并发盐碱在表土积聚，造成作物减产。实际上同一地区的不同地块有的涝，有的渍，同一地块也可能先渍后涝或先涝后渍。因此，通常将涝、渍灾害合并研究，合称涝渍灾害（含土地盐碱化灾害）。

按发生地区可将涝渍盐碱灾害分为以下四类。

（1）平原坡地型。发生于河流中下游广阔平坦的平原地区，其地势低洼，排水不畅。

（2）平原洼地型。泛指江河湖海沿岸洼地发生的涝渍，其地面高程低于河湖的洪水位，高水时倒灌。一些寒冷地区岸边排水不畅的洼地，冬季积水成冰，第二年春季化冻排泄不尽，不能春播，就可能是连续两年受灾。

（3）山区谷地型。发生于山丘间低谷地带，由于地势相对低下且受山丘坡地侧向地下水侵入而形成的灾害。

（4）沼泽洼地型。发生于沼泽或沼泽化地区，由于地势平缓，地下水位高，水网比降很小，排水困难而形成灾害。

6.1.2 洪涝灾害的统计

洪涝灾害的统计是指由洪涝等各种异常自然现象和人为因素给人类社会造成的损失情况的统计调查、统计分析等活动的总称。洪涝灾害统计是十分重要的。

（1）随着社会的不断发展，由洪涝灾害造成的损失对于某一个区域、城市、流域乃至整个国家的影响越来越重大，灾情统计对国民经济统计的影响越来越大。

（2）为洪水调度决策提供科学的依据。洪水调度的最终目的是减少洪水所造成的灾害损失，准确的洪涝灾害统计为科学、合理的洪水调度提供可靠的依据。

（3）为制订防洪目标提供保障。区域、流域的防洪目标是利用现有的防洪体系，最大限度地降低洪涝灾害造成的经济损失，科学的洪涝灾害统计工作为制订流域的防洪目标提供有力的支持。

（4）为流域的防洪规划提供基础资料。

6.1.3 洪涝灾害统计的方法

按照统计学的原理，洪涝灾害统计的方法有以下几个。

（1）普查法。这是专门组织的、一般用来调查属于一定时期社会经济现象数量的全面调查。

（2）抽样调查法。这是一种非全面调查，它是按照随机原则从总体中抽取部分调查单位进行观察用以推算总体数量特征的一种调查方式。

（3）统计表法。定期统计报表是按国家统一规定的表格形式、统一的报送程序和报送时间，自下而上定期向国家和各级领导报告国民经济基本统计资料的一种报告制度。

(4) 重点调查法。这是专门组织的一种非全面调查，它是对所要调查的全部单位中选择一部分重点单位进行调查。重点单位是着眼于现象量的方面而言，尽管这些单位在全部单位中只是一部分，但是它们的某一主要标志总量在总体标志单位量中却占有绝大比例。

(5) 典型调查法。这是在对现象总体进行初步分析的基础上，有意识地选择基于具有代表性的单位进行调查，借以认识事物发展变化规律的一种非全面调查方法。

6.1.4 我国现行的洪涝灾害统计方法

我国现行的洪涝灾害统计方法主要采用统计表法。其统计报表的内容要求真实、准确、及时、全面。国家防汛抗旱总指挥部颁发的《水旱灾害统计报表制度》（办旱一〔2010〕18号）中洪涝灾害统计主要内容如下。

6.1.4.1 实施办法

1. 目的与任务

关于洪涝灾害的统计要及时、准确、真实、全面地反映我国水旱灾害发生的基本情况以及对国民经济影响和人民生命财产造成的损失，科学评估水旱灾害，为防汛抢险、抗旱救灾决策提供依据，为防灾、减灾和救灾服务。

2. 统计依据

统计依据包括《中华人民共和国统计法》《中华人民共和国防洪法》《中华人民共和国防汛条例》《国家防汛抗旱应急预案》《防汛抗旱突发险情灾情报告管理暂行规定》《防洪减灾经济效益计算办法（试行）》等法律、法规、规定及相关文件等。

3. 统计范围

统计范围包括因降雨、融雪、冰凌、溃坝（堤）、风暴潮、热带气旋等造成的江河洪水、渍涝、山洪、滑坡和泥石流等，以及由其引发的次生灾害。

对由于降雪、冰雹、龙卷风、地震等其他自然灾害引发的次生灾害造成较大人员伤亡和水利设施损失的事件要掌握相关情况并及时报告。

4. 统计内容

统计内容包括洪涝灾害的基本情况，农林牧渔业、工业信息交通运输业、水利设施等方面的损失，死亡人员基本情况，城市受淹情况，以及抗洪抢险和减灾效益等综合情况。

5. 报送制度

洪涝灾害统计报表分实时报、过程报、月报和年报。灾情应通过报表系统进行报送，洪涝灾害报表应按行政区划、所属流域两种统计方式上报。

(1) 实时报为灾害发生过程中即时报送的灾情报表，统计时段为灾害发生日至报表报送日。实时报应在第一时间通过报表系统将所掌握的情况上报。

(2) 过程报为一次灾害过程的灾情报表，每次灾害过程结束后应在第2个工作日及时上报经核实后的灾情，同时还应随报表上报灾情综述（包括雨情、水情、灾情、灾害影响情况以及抗灾减灾行动等文字叙述，限1000字以内），对重大突发灾害的灾情应附典型灾害照片（不少于3张，分辨率不低于500万像素）。

(3) 月报为本月发生的灾害过程的累计报，统计时段为每月1日至本月最后一日，应在下月第3个工作日前上报，同时还应随报表上报本月灾情综述。跨月份的灾害过程，归入灾害结束日期所属月份进行统计。

(4) 年报为全年发生的灾害过程的累计报，分初报和终报。初报统计时段为每年 1 月 1 日至当年汛期结束，终报统计时段为每年 1 月 1 日至每年 12 月 31 日。每年 10 月底前上报初报，次年第 5 个工作日前上报终报。在上报初报和终报时均须同时上报全年灾情综述。

6. 组织方式

水旱灾害统计报表制度由国家防总制定，国家统计局审核同意，国家防办具体组织实施，逐级落实到各级防汛抗旱指挥部。各级防汛抗旱指挥部要做好成员单位的协调工作，各成员单位要做好本部门、本行业的水旱灾害统计工作，并将统计结果及时报送同级防汛抗旱指挥部。

各省、自治区、直辖市及新疆生产建设兵团防汛抗旱指挥部要认真执行水旱灾害统计报表制度，按规定向国家防办和所属流域防汛抗旱指挥部报送统计报表。

各流域防汛抗旱指挥部要认真执行水旱灾害统计报表制度，按规定向国家防办报送统计报表。

7. 灾情核实

各级防汛抗旱部门要建立健全核灾制度。按照灾情大小，分级派出核灾工作组。遇重特大灾害，省级防汛抗旱指挥部办公室要组织核灾工作组赴灾区核实灾情。重特大灾害结束后或每月月底及每年年底，各级防汛抗旱部门应与民政、农业、海洋渔业等相关部门核实灾情并上报。对虚报、瞒报的情况要严肃处理，并追究责任。

6.1.4.2　统计报表

洪涝灾害统计报表共 9 个表，包括洪涝灾害基本情况统计表（表 6.1）、农林牧渔业洪涝灾害统计表（表 6.2）、工业交通运输业洪涝灾害统计表（表 6.3）、水利设施洪涝灾害统计表（表 6.4）、死亡人员基本情况统计表（表 6.5）、城市受淹情况统计表（表 6.6）、抗洪抢险综合情况统计表（一）（表 6.7）、抗洪抢险综合情况统计表（二）（表 6.8）及洪涝灾害实时统计表（表 6.9）。

6.1.4.3　洪涝灾害统计指标及填报说明

表 6.1 至表 6.4 用于过程报、月报、年报；表 6.1 中“死亡人口”“受淹城市”的数量不为“0”时，启动表 6.5、表 6.6 的报送，且其数量应分别与表 6.5、表 6.6 的条目数量一致；表 6.7、表 6.8 用于重大突发灾害过程报、月报和年报；表 6.9 用于实时报。

1. 洪涝灾害基本情况统计表（表 6.1）

受灾范围：因洪涝灾害导致人民生命财产损失和对生产生活造成危害的县（市、区）及乡（镇）个数。

受灾人口：洪涝灾害中生产生活遭受损失的人数。

受淹城市：江河洪水进入城区或降雨产生严重内涝造成经济损失或人员伤亡的县及县级以上城市个数。

倒塌房屋：因洪涝灾害导致房屋整体结构或承重构件多数损毁，必须进行拆除重建的房屋数量。统计时，以自然间为计算单位，独立的牲畜棚等辅助用房、活动房、工棚、简易房和临时房屋不在统计之列。

死亡人口：直接因洪涉灾害死亡的人数。

失踪人口：因洪涝灾害导致下落不明，暂时无法确定死亡的人口数量。

转移人口：因生命财产受到洪涝灾害威胁而暂时转移到安全地区的人口。

直接经济总损失：洪涝灾害造成的农林牧渔业、工业信息交通运输业、水利设施和其他洪涝灾害造成的直接经济损失的总和。

表 6.1　　　　洪涝灾害基本情况统计表

表　　号：国汛统1表
制表机关：国家防汛抗旱总指挥部
批准机关：国家统计局
批准文号：国统制〔2011〕55号

填报单位：
起止日期：

地区	受灾范围		受灾人口/万人	受淹城市/个	倒塌房屋/万间	死亡人口/人	失踪人口/人	转移人口/万人	直接经济总损失/亿元
	县（市、区）/个	乡（镇）/个							
合计									

单位负责人：　　　　统计负责人：　　　　填表人：报出日期：　　年　月　日

2. *农林牧渔业洪涝灾害统计表（表6.2）*

农作物受灾面积：因洪涝灾害造成在田农作物产量损失1成以上（含1成）的播种面积（含成灾、绝收面积）。同一地块的当季农作物遭受一次以上洪涉灾害时，只统计其中最重的一次，不得重复计灾。

农作物成灾面积：因洪涝灾害造成在田农作物受灾面积中，产量损失3成以上（含3成）的播种面积（含绝收面积）。同一地块的当季农作物遭受一次以上洪涉灾害时，只统计其中最重的一次，不得重复计灾。

农作物绝收面积：因洪涉灾害造成在田农作物成灾面积中，产量损失8成以上（含8成）的播种面积。同一地块的当季农作物遭受一次以上洪涝灾害时，只统计其中最重的一次，不得重复计灾。

因灾减产粮食：因洪涝灾害造成在田粮食作物损失的产量。

经济作物损失：指洪涉灾害对经济作物造成的直接经济损失。

死亡大牲畜：因洪涉灾害直接死亡的牛、马、驴、骡、骆驼（5头猪或5只羊算1头大牲畜）的数量，不含其他畜类及鸡鸭等家禽。

水产养殖损失：因洪涝灾害毁坏的水产养殖面积和水产品数量。

农林牧渔业直接经济损失；洪涝灾害对农林牧渔业造成的直接经济损失。

3. *工业交通运输业洪涝灾害统计表（表6.3）*

停产工矿企业：因洪涝受淹而停产的工矿生产企业（不含商贸、服务等第三产业的停产企业）个数。

表 6.2　　　　农林牧渔业洪涝灾害统计表

表　　号：国汛统 2 表
制表机关：国家防汛抗旱总指挥部
填报单位：　　　　批准机关：国家统计局
起止日期：　　　　批准文号：国统制〔2011〕55 号

地区	农作物受灾面积		农作物成灾面积		因灾减产粮食/万 t	经济作物损失/万元	死亡大牲畜/万头	水产养殖损失		农林牧渔业直接经济损失/亿元
	小计/千 hm^2	其中粮食作物/千 hm^2	小计/千 hm^2	其中粮食作物/千 hm^2				面积/千 hm^2	数量/万 t	
合计										

单位负责人：　　　　统计负责人：　　　　填表人：报出日期：　年　月　日

表 6.3　　　　工业交通运输业洪涝灾害统计表

表　　号：国汛统 3 表
制表机关：国家防汛抗旱总指挥部
填报单位：　　　　批准机关：国家统计局
起止日期：　　　　批准文号：国统制〔2011〕55 号

地区	停产工矿企业/个	铁路中断/条次	公路中断/条次	机场、港口关停/个次	供电中断/条次	通信中断/条次	工业交通运输业直接经济损失/亿元
合计							

单位负责人：　　　　统计负责人：　　填表人：　　　　报出日期：　年　月　日

铁路中断：因洪涝灾害造成铁路干线停运的条次数（铁路干线指跨省、自治区、直辖市的铁路干线和省、自治区、直辖市内重要铁路干线）。

公路中断：因洪涝灾害造成公路停运的条次数。

机场、港口关停：因洪涉灾害造成机场、港口关闭或者暂时停运的个次数。

供电中断：因洪涝灾害造成乡（镇）以上主要输电线路停电条次数。

通信中断：因洪涝灾害造成通信线路中断的条次数。

工业交通运输业直接经济损失：洪涝灾害对工业、交通运输业造成的直接经济损失。

4. 水利设施洪涝灾害统计表（表 6.4）

损坏水库：大坝、溢洪道、输水涵洞、闸门等部位水毁，影响正常运行的水库座数。

水库垮坝：因洪水造成垮坝的水库座数。

损坏堤防：洪水造成渗水、滑坡、裂缝、坍塌、管涌、漫溢等影响防洪安全的堤防的处数和长度。

堤防决口：防洪堤防决口的处数与长度。

损坏护岸：被洪水冲坏的保护防洪堤防的护岸工程的处数。

损坏水闸：被洪水损坏，不能正常运行的防洪（潮）闸的座数。

冲毁塘坝：被洪水损毁的塘坝（含拦泥坝、淤地坝）的座数。

损坏灌溉设施：灌区被洪水损坏而不能正常运行的渠首建筑、干渠及干渠上的渠系建筑物（渡槽、倒虹、闸门、涵洞等）的处数。

损坏水文测站：站房、缆道、测船、测井及报汛设备等设施被洪水损坏的水文测站个数。

损坏机电井：被洪水损坏严重影响运行的机电井个数。

损坏机电泵站：被洪水损坏严重影响运行的机电泵站数。

损坏水电站：被洪水损坏严重影响运行的水电站座数。

水利设施直接经济损失：洪涝灾害对水利工程造成的直接经济损失。

表 6.4　　水利设施洪涝灾害统计表

表　　号：国汛统4表
制表机关：国家防汛抗旱总指挥部
填报单位：　　批准机关：国家统计局
起止日期：　　批准文号：国统制〔2011〕55号

地区	损坏水库		水库垮坝			损坏堤防		堤防决口		损坏护岸/处	损坏水闸/座	冲毁塘坝/座	损坏灌溉设施/处	损坏水文测站/个	损坏机电井/眼	损坏机电泵站/站	损坏水电站/站	水利设施直接经济损失/亿元
	大中型/座	小型/座	大中型/座	小一/座	小二/座	处数/处	长度/km	处数/处	长度/km									
合计																		

负责人：　　统计负责人：　　填表人：　　报出日期：　年　月　日

5. 死亡人员基本情况统计表（表6.5）

死亡人员基本信息；死亡人员的姓名、性别、年龄、户籍所在地、死亡时间和死亡地点。

死亡原因：洪涉灾害过程中造成人员死亡的直接原因。“死亡原因”是多项选择，按照人员实际死亡情况在对应的原因栏内填“1”，以便计算。其中“台风灾害”指由台风引发的洪水、滑坡、泥石流、房屋倒塌和高空坠物等直接造成死亡；“江河洪水冲淹”指因江河洪水直接造成死亡；“山洪冲淹”指因山丘区洪水直接冲淹及其引发的房屋倒塌等造成死亡；“滑坡”指因强降雨引发的山体滑坡直接埋压及其引发的房屋倒塌等造成死亡；“泥石流”指因强降雨引发的泥石流直接埋压及其引发的房屋倒塌等造成死亡；“房屋倒塌”指因洪涝灾害引发的房屋倒塌造成死亡；“落水”指在洪涝灾害过程中直接落水溺死；“高空坠物”指在强降雨、台风灾害等洪涉灾害过程中因高空坠物造成死亡；“其他”指除上述原因外，因洪涝灾害造成死亡，填报时须在“备注”栏内注明具体原因。

表 6.5　　死亡人员基本情况统计表

表　　号：国汛统 5 表
制表机关：国家防汛抗旱总指挥部
填报单位：　　批准机关：国家统计局
起止日期：　　批准文号：国统制〔2011〕55 号

地区	死亡人员基本信息				死亡原因												备注
	姓名	性别	年龄	户籍所在地	死亡时间	死亡地点	台风灾害	江河洪水冲淹	山洪冲淹	滑坡	泥石流	房屋倒塌	落水	高空坠物	其他		
合计																	

单位负责人：　　统计负责人：　　填表人：　　报出日期：　年　月　日

注　“死亡原因”是多项选择，应按照人员实际死亡情况在对应的原因栏内填“1”。例如，某次台风引发了次生灾害滑坡，滑坡造成房屋倒塌导致人员死亡，那么应在这个人员对应条目里的“台风灾害”“滑坡”“房屋倒塌”三栏内分别填“1”。

6. 城市受淹情况统计表（表 6.6）

淹没范围：江河洪水进入城区或降雨产生内涝的面积，及其占城区总面积的比例。

受灾人口：城区进水受淹或积水内涝时生产生活遭受损失的人数。

死亡人口：城区进水受淹或积水内涝过程中因洪涝灾害造成死亡的人数。

受淹过程：江河洪水进入城区的时间、淹没历时、引起城区受淹或内涝的降雨量、洪水围困人口、紧急转移人口等。

主要街道最大水深：城区进水受淹造成城区主干道及重要街道、居民区积水深度最大值。

生命线工程中断历时：城区的供水、供电、供气、交通等生命线工程中断或瘫痪的时间。

建筑物受淹：城区进水受淹或积水内涉过程中房屋进水的间数及地下设施受淹的面积。

城区直接经济损失：城区进水受淹或严重内涝造成的直接经济损失。

7. 抗洪抢险综合情况统计表（一）（表 6.7）

防汛物资消耗：防汛抢险过程中动用的编织袋（草袋、麻袋）、编织布（土工布）、挡水设施（挡水子堤、膨胀袋等）、砂石料（砂卵石、块石等）、木材、钢材、救生衣、抗灾用油、抗灾用电、其他物资消耗折算资金以及总物资消耗折算资金。

表 6.6　　城市受淹情况统计表

表　　号：国汛统 6 表
制表机关：国家防汛抗旱总指挥部
批准机关：国家统计局
批准文号：国统制〔2011〕55 号

填报单位：
起止日期：

城市名称	淹没范围		受灾人口/万人	死亡人口/人	受淹过程					主要街道最大水深/m	生命线工程中断历时				建筑物受淹		城区直接经济损失/亿元
	面积/km^2	比例/%			进水时间/(月·日·时)	淹没历时/h	累积降雨量/mm	洪水围困人口/万人	紧急转移人口/万人		供水/h	供电/h	供气/h	交通/h	房屋/万户	地下设施/m^2	
合计																	

单位负责人：　　统计负责人：　　填表人：　　报出日期：　　年　月　日

表 6.7　　抗洪抢险综合情况统计表（一）

表　　号：国汛统 7 表
制表机关：国家防汛抗旱总指挥部
批准机关：国家统计局
批准文号：国统制〔2011〕55 号

填报单位：
起止日期：

地区	防汛物资消耗											出动情况						
												投入抢险人数				抢险设备情况		
	编织袋/万条	编织布/万m^2	挡水设施/延米	砂石料/万m^3	木材/万m^3	钢材/t	救生衣/件	抗灾用油/t	抗灾用电/万度	其他物资消耗折算资金/万元	总物资消耗折算资金/万元	合计/人次	部队官兵/人次	地方人员/人次	防汛机动抢险队员/人次	抢险舟(船)/舟次	运输设备/班次	机械设备/台班
合计																		

单位负责人：　　统计负责人：　　填表人：　　报出日期：　　年　月　日

出动情况：防汛抢险过程中各个抢险机构投入的抗洪抢险人数和抢险舟（船）舟次、运输设备班次和机械设备台班。

8. 抗洪抢险综合情况统计表（二）（表 6.8）

资金投入：抢险救灾及水毁修复过程中各级财政部门投入资金额度和群众投劳折算资金。

防洪减灾效益：由防洪减灾产生的直接经济效益，根据《防洪减灾经济效益计算办法

（试行）》折算资金；对解救洪水围困群众、避免人员伤亡、转移人员等指标根据实际统计数据上报。

表 6.8　　抗洪抢险综合情况统计表（二）

表　　号：国汛统 8 表
制表机关：国家防汛抗旱总指挥部
批准机关：国家统计局
批准文号：国统制〔2011〕55 号

填报单位：
起止日期：

地区	资金投入				防洪减灾效益													
	小计/万元	中央/万元	省级/万元	省级以下/万元	群众投劳折算资金/万元	减淹耕地/千 hm²	避免粮食减收/万 t	减少受灾人口/万人	解救洪水围困群众/万人	避免人员伤亡		转移人员			避免县级以上城区受淹/座	减灾经济效益/亿元
										次数/起	人数/万人	山洪灾害/万人	台风灾害/万人	其他/万人		
合计																

单位负责人：　　　　统计负责人：　　　　填表人：　　　　报出日期：　　年　月　日

9. 洪涝灾害实时统计表（表 6.9）

各项统计指标解释与前述相关指标解释相同。

表 6.9　　洪涝灾害实时统计表

表　　号：国汛统 9 表
制表机关：国家防汛抗旱总指挥部
批准机关：国家统计局
批准文号：国统制〔2011〕55 号

填报单位：
起止日期：

地区	受灾范围		农作物受灾面积/千 hm²	受灾人口/万人	死亡人口/人	失踪人口/人	转移人口/万人	直接经济总损失/亿元	其中水利设施直接经济损失/亿元
	县（区、市）/个	乡镇/个							
合计									

单位负责人：　　　　统计负责人：　　　　填表人：　　　　报出日期：　　年　月　日

6.1.4.4　洪涝灾害直接经济损失计算

（1）洪涝灾害直接经济损失是指受灾体在遭受洪涝灾害的损毁后，其自身价值降低或者丧失所造成的直接经济损失，不含任何中间环节和间接的经济损失。

(2) 洪涝灾害直接经济损失的计算范围为：本制度所列的统计项目中能直接体现经济价值的受灾体和未达到相应统计量级的同项目受灾体的直接经济损失以及虽没有列入制度但能体现经济价值的其他受灾体的直接经济损失。

(3) 直接经济总损失包括表6.1和表6.3以及其他受灾体直接经济损失的总和。

1)“受灾范围”中的县（市）、乡（镇）和“受淹城市”的直接经济损失按具体的受灾体（如房屋、市政设施、家庭财产等）分别进行计算。

2)“倒塌房屋”的直接经济损失按照当地的同类同等房屋在受灾当年恢复到原规模、原标准所需资金并减去折旧后进行计算。折旧办法具体参照建设部门的有关规定。

3)“受灾人口”“死亡人口”“失踪人口”“转移人口”不计算直接经济损失。

4) 抗洪抢险所发生的费用不计入直接经济损失。

5) 对本制度中未列入的其他行业部门（如医疗、教育、文化、商业等），其受灾体的直接经济损失按照各行业现行办法进行计算，并计入直接经济总损失。但因洪灾停产、停业等所造成的产值、营业额损失为间接经济损失，不能计入直接经济损失。

(4) 表6.2中的直接经济损失包括农作物、牲畜、水产养殖以及现有统计指标之外的其他农林牧渔业的损失。

1)“因灾减产粮食”的直接经济损失按因灾损失粮食数量乘以当地灾前市场平均价格计算。

2)“经济作物损失”的直接经济损失按因灾损失经济作物数量乘以当地灾前市场平均价格计算。

3)“死亡大牲畜”的直接经济损失按所死牲畜的头（只）数分别乘以各类牲畜的当地灾前市场平均价格计算。

4)“水产养殖”的直接经济损失按养殖物的减产或损失数量乘以当地灾前市场平均价格计算，养殖设施受损的按在受灾当年恢复原规模、原标准所需资金并减去折旧后计算。

5) 其他农林牧渔业直接经济损失的计算按减产或损失数量分别乘以各类农林牧渔品的当地灾前市场平均价格计算。

(5) 表6.3中的直接经济损失包括工业、交通运输、供电、邮电等行业的损失，其直接经济损失的计算按照各行业现行办法执行；各行业因洪涝灾害停产、停运、停业等所造成的间接经济损失不能计入直接经济损失。

(6) 表6.4中的直接经济损失包括现有统计指标及其以外的所有水利工程设施的损失。其直接经济损失的计算方法是：对受灾体的损毁部位，在受灾当年按原规模、原标准、达到原效益进行恢复所需资金并减去折旧进行计算。因洪灾造成的间接经济损失如灌溉、供水、发电等效益，不能计入直接经济损失。

(7) 折旧的计算。以具体受灾体的设计使用寿命或折旧年限减去受灾时的实际使用时间进行计算，没有设计使用寿命或折旧年限的可参考同类受灾体的设计使用寿命或折旧年限进行计算。计算时应尽量采用有关部门的现行规定。

(8) 粮食作物受灾面积与粮食减产的关系。

因灾损失粮食＝[(粮食作物受灾面积－成灾面积)×0.1＋(粮食作物成灾面积－绝收面积)×0.3＋粮食作物绝收面积×0.8]×本省前三年粮食作物产量平均值

减灾效益测算与报送。大江大河 2 级及以上支流，有堤防等防洪工程体系的重要中小河流发生大的洪水过程的，均应按《防洪减灾经济效益计算办法（试行）》计算防洪减灾经济效益，并按统计报表统计上报。各地应开展基础研究，制定本省各计算单元的单位面积财产值、损失率等，以指导防洪减灾经济效益计算工作。

第 2 节　洪涝灾情的核灾与评估

6.2.1　洪涝灾情核灾的目的、重要性及方法

1. 洪涝灾情核灾的目的

确定洪涝灾害统计的数据与实际发生灾情的实际数据之间的差异性，是对洪涝灾害统计工作的补充和完善。

2. 洪涝灾情核灾的重要性

修正洪涝灾害统计中不确定的因素对统计数据的影响，使洪涉灾害统计数据与实际发生的情况更加吻合。

修正在洪涉灾害统计工作中所采用的方法对数据准确性的影响。

3. 洪涝灾情核灾的方法

（1）全面核定法。灾害发生后，组织人力对灾害造成的各方面损失情况进行全面的核定。

（2）抽样核定法。在受灾的总体中随机选取部分进行核查，根据核查结果推断全面灾情。

（3）典型核定法。在受灾的总体中选取有代表性的部分或重灾地区进行核查，根据核查结果推断全面灾情。

（4）专项核定法。对某项损失情况进行专题调查，以核定全面灾情。

6.2.2　洪涝灾情评估的定义

洪灾灾情评估是防洪减灾领域的一项基础性工作，在防洪规划制定、洪水灾害风险管理、洪水保险、防洪减灾效益评估、法律法规制定等方面都起着重要作用。

洪涝灾情评估是一个多层面的工作，既包括对区域洪灾历史趋势总体特征的分析与评价，也包括对某一次具体的洪灾按规定的指标作出的损失与影响的分析计算。

由于评估指标具有多层次特征，根据资料状况和时间要求，可以进行不同深度层次的评估。

（1）第 1 个层次是简单影响评估，即对洪灾影响范围内受灾体的数量进行估计。如淹没区内的人口、房屋、家庭和社会财产、交通、基础设施和工商企业的数量和空间分布状况。这一层次的评估对资料要求最低，但它可以获取洪灾影响范围内的各种信息，并且可能在较短时间内完成，对灾中应急评估具有较大的应用价值。

（2）第 2 个层次是对受灾体受灾程度的评估，对受灾体在一定洪灾严重程度下（如用淹没水深表征）的受灾状况进行划分，如对于农作物分为轻度受灾（减产比率为 10%～

30%)、重度受灾（减产比率为30%～80%）和特重度受灾（减产比率大于80%）。对于水利工程设施分为轻微损坏、严重损坏和毁坏，在评估过程中对不同受灾程度等级的受灾体数量和空间分布进行估计，受灾程度评估对资料要求稍高，需要一定的地面调查，时间要求稍长。

（3）第3个层次是洪灾损失评估，即在全面了解洪灾自然变异强度、受灾体的数量、空间分布、经济价值以及受灾体的洪灾脆弱性规律的条件下，对在洪水灾害中受灾体所遭受损失的数量（实物形式或货币形式）进行估计。这一层次的评估需要全面的调查资料，需要较长时间才能完成明确洪水灾害评估的不同深度和层次性，对于洪水灾害管理实践具有重要意义。

不同评估阶段、不同用户需要的评估层次不同。对于灾中评估要求时间紧，对资料的要求也不能过高，速度往往是第一位的，主要以前两个层次评估为主。对于灾后重建规划，则需要了解详细的损失情况，需要进行第3个层次的评估。同样，对于抗灾、救灾及减灾规划部门所需要的评估深度层次也是不同的。

6.2.3 洪涝灾情评估的方法

洪涝灾情评估分为灾前评估、灾中评估、灾后评估3个层次。灾前评估可具体针对不同防洪调度方案，评估不同程度洪水的影响范围，超前预估洪涝发生时可能出现的灾害情况及其经济损失程度，以及不同调度方案下可能出现的灾害情况、受影响人口和经济损失情况，为防洪规划及会商、决策提供支持。灾中评估主要是在洪水发生的实际过程中，根据预报和调度结果以及洪水淹没的遥感影像图等资料，实时快速地对洪水的影响范围、受灾人口数量、人口迁移和淹没损失等进行判断，为防汛决策支持和灾后恢复规划等提供依据。灾后评估主要是调查、统计、核实、上报实际发生的灾害损失，并对灾前和灾中提出和实施的各种防灾减灾方案进行分析和评估，以利于总结经验，提高防汛减灾决策的能力。

根据评估目的的需要采用不同的评估方法，这些方法中最常见的是数学模型法，就是建立相关的函数来确定。

洪涝灾情损失评估既要分析反映致灾因子和孕灾环境特性的洪水自然特征，又要分析描述承灾体洪水灾害的社会特征。自然属性特征由洪水发生时间、位置、范围、程度、动态变化等来描述，洪灾的社会属性则以受洪水威胁区域的人口、房屋、工商企业、农作物、基础设施等指标来表征。

基于水力学模型的洪水数值模拟，能够较好地模拟洪水的泛滥过程，揭示洪水自然特征的空间变化，模拟计算结果能够提供淹没水深、淹没历时、流速以及到达时间等水情要素。遥感遥测技术可以快速监测水体变化以及相应属性，对洪灾损失的快速实时评估提供依据。现场调查也是确定洪水淹没范围及程度的常用方法之一。

洪水威胁区域的人口、房屋、工农业等经济状况通过统计资料或调查资料获取，结合受淹区域的土地利用状况，将这些统计信息分配至与之相对应的空间。对社会经济统计信息进行空间定位是准确评估洪灾损失的前提。

确定社会经济在不同洪水强度下的损失程度（易损性）是洪灾损失评估的关键，影响两者之间关系的因素很多，致灾洪水特性、社会经济类型密度和抗洪能力、灾区的自然环境和社会环境都需要考虑。目前，定量分析研究仅集中于利用洪灾损失调查数据，采用参数统计模型，建立淹没水深与洪灾损失率的关系。概括起来，洪灾损失评估大体分为以下5个步骤。

（1）通过现场实地调查、数值模拟或遥感分析确定洪水淹没范围、淹没水深、淹没历时等致灾特性。

（2）搜集社会经济调查资料、社会经济统计资料以及空间地理信息资料，运用面积权重法、回归分析法等对社会经济数据进行空间求解，生成具有空间属性的社会经济数据库，反映社会经济指标的分布差异。

（3）水情特征分布与社会经济特征分布通过空间地理关系进行拓扑叠加，获取洪水影响范围内不同淹没水深下社会经济不同财产类型的数量及分布。

（4）选取具有代表性的典型地区、典型单元、典型部门等分别作洪灾损失调查统计，根据调查资料估算不同淹没水深（历时）条件下，各承灾体洪灾损失率。建立淹没水深（历时）与各类承灾体洪灾损失率关系表、关系曲线或回归方程。

（5）根据影响区内各类承灾体分布和洪灾损失率关系，计算洪灾经济损失。近些年来，随着遥感技术、地理信息系统技术的发展，以及在防洪领域中的广泛应用，其难以比拟的优势，在洪涝灾害评估中得到广泛的应用。

参 考 文 献

［1］ 周一敏，王章立. 防汛抗旱专业干部培训教材［M］. 北京：中国水利水电出版社，2010.
［2］ 周一敏，肖坤桃. 防汛抗旱行政首长培训教材［M］. 北京：中国水利水电出版社，2006.
［3］ 刘研芳. 气象卫星云图在地面气象观测中的作用［J］. 气象水文海洋仪器，2011（04）.
［4］ 赖仁审. GMS气象云图在三防工作中的应用［J］. 广东水利水电，2001（05）.
［5］ 崔承章，熊治平. 治河防洪工程［M］. 北京：中国水利水电出版社，2004.
［6］ 辛全才，牟献友. 水利工程概论［M］. 郑州：黄河水利出版社，2011.
［7］ 倪福全. 农业水利工程概论［M］. 北京：中国水利水电出版社，2011.
［8］ 栾鸿儒. 水泵及水泵站［M］. 北京：水利电力出版社，1992.